基于模型试验的
胶凝砂砾石坝破坏研究

柴启辉 著

·北京·

内 容 提 要

本书全面系统地对胶凝砂砾石坝的破坏进行试验研究。全书共分为6章，包括绪论；胶凝砂砾石材料力学特性研究；胶凝砂砾石材料模型相似理论及相似材料选取；胶凝砂砾石坝结构模型试验；胶凝砂砾石坝线性有限元分析和结论。

本书可供从事水工结构分析、设计、水工试验和工程管理的科技人员学习参考，并可作为大专院校有关专业教师、研究生的教学参考书。

图书在版编目（CIP）数据

基于模型试验的胶凝砂砾石坝破坏研究 / 柴启辉著
. -- 北京 : 中国水利水电出版社, 2022.9
ISBN 978-7-5226-0995-9

Ⅰ. ①基… Ⅱ. ①柴… Ⅲ. ①胶凝－砾石－土石坝－破坏分析 Ⅳ. ①TV641

中国版本图书馆CIP数据核字(2022)第168499号

书　　名	基于模型试验的胶凝砂砾石坝破坏研究 JIYU MOXING SHIYAN DE JIAONING SHALISHIBA POHUAI YANJIU
作　　者	柴启辉 著
出版发行	中国水利水电出版社 （北京市海淀区玉渊潭南路1号D座 100038） 网址：www. waterpub. com. cn E－mail：sales@mwr. gov. cn 电话：(010) 68545888（营销中心）
经　　售	北京科水图书销售有限公司 电话：(010) 68545874、63202643 全国各地新华书店和相关出版物销售网点
排　　版	中国水利水电出版社微机排版中心
印　　刷	北京中献拓方科技发展有限公司
规　　格	170mm×240mm 16开本 8.75印张 224千字
版　　次	2022年9月第1版 2022年9月第1次印刷
定　　价	**56.00**元

前言

胶凝砂砾石坝作为一种新坝型，具有独特的优势。与面板堆石坝相比，胶凝砂砾石坝坝体剖面更小，且抗渗、抗冲刷能力增强；与碾压混凝土坝相比，其坝体应力分布更为均匀，地基适应性强，稳定性好，施工速度快，骨料要求宽泛，减少弃料，对生态环境影响较小。本书通过系统的试验研究，掌握胶凝砂砾石材料的力学特性；开展胶凝砂砾石坝模型试验研究，完善胶凝砂砾石坝模型相似理论及模型试验方法；模拟大坝在外荷载作用下的应力分布情况、变形特点、破坏模式及其演变过程，取得研究成果如下：

(1) 胶凝砂砾石材料力学特性研究。系统地研究了胶凝材料用量、砂率、水胶比、粉煤灰掺量、试件尺寸等因素对胶凝砂砾石材料力学性能的影响规律，得到了胶凝砂砾石材料“最优砂率”“最优用水量”“最优粉煤灰掺量”等重要结论。明晰了材料拉、压、剪强度间的相关关系，建立了以抗压强度为基准的拉、压、剪力学性能指标体系。

(2) 胶凝砂砾石材料模型相似理论及相似材料选取。基于传统模型试验方法，结合胶凝砂砾石坝特点，开展胶凝砂砾石坝模型试验相似理论研究，根据平衡方程、物理方程、几何方程及边界条件，推导胶凝砂砾石材料模型相似准则，建立模型相似判据。以山西守口堡胶凝砂砾石材料坝为原型，阐述了胶凝砂砾石模型材料的选取步骤，研制出粗砂、重晶石粉、石膏粉、水泥、铁粉混合而成的模型相似材料。

(3) 胶凝砂砾石坝结构模型试验。提出了坝体模型制作、加载、测量方法，完成模型坝体施工期、正常运行期以及超载破坏试验，得出不同工况下模型坝体应力-应变规律。

(4) 根据模型试验结果，选定本构模型及计算方法，开展胶凝砂砾石坝数值计算，明确了坝体应力及位移随坝高、边坡变化的分布规律。

综上所述，本书拟通过系统的试验研究，掌握胶凝砂砾石材料的力学特性；开展胶凝砂砾石坝模型试验研究，针对胶凝砂砾石材料物理力学特性进行胶凝砂砾石模型理论及模型研究；试验大坝在外荷载作用下的应力分布情况、变形特点、破坏模式及其演变过程。为安全、经济的胶凝砂砾石坝设计、施工与管理提供科学依据，促进这一具有明显优越性的新坝型的快速发展。

在本书的编写过程中，中国水利水电出版社给予了大力支持，使本书得以顺利出版，在此深表谢意！本书在编写过程中参阅并引用了大量的文献，在此对这些文献的作者们表示诚挚的感谢！

资助基金：黄河流域水资源高效利用省部共建协同创新中心。

由于编者水平有限，书中难免存在疏漏之处，恳请广大读者给予批评指正。

作者

2021年6月于郑州

目　录

第1章 绪　论

1.1 研究背景与意义

随着近些年来大坝与自然环境的关系越来越受到公众的关注，如何在追求高效施工与低成本建设的现代筑坝技术与减少对自然环境影响两者之间做出平衡，已经成为未来筑坝技术的发展趋势。水库大坝作为实现水利水电开发的基础和载体，在水与水能资源综合利用上具有不可替代的作用，在未来支撑我国社会经济可持续发展中的地位与作用将进一步得到巩固与加强。《国家中长期科学和技术发展规划纲要（2006—2020年）》在“水和矿产资源”重点领域，把“水资源优化配置与综合开发利用”列为优先主题。为实现水资源优化配置与综合开发利用需要建设大量的中小型水库。2011年中央一号文件《中共中央　国务院关于加快水利改革发展的决定》中又明确提出“十二五”期间基本完成重点中小河流重要河段治理、全面完成小型水库除险加固的要求。党的十八大以来，习近平总书记就生态文明建设提出了一系列新理念、新思想、新要求以及新的科学论断，特别是2019年9月18日在郑州主持并召开黄河流域生态保护和高质量发展座谈会并发表主要讲话，把“黄河流域生态保护和高质量发展”定为国家战略，习近平总书记关于“绿水青山就是金山银山”“生态兴则文明兴、生态衰则文明衰”的科学论断，从辩证唯物主义和历史唯物主义的立场，阐述了人类文明发展规律，揭示了人与自然和谐相处的关系在人类文明进步中的基础地位。因此，无论是在新建中小型水库大坝工程还是在小型病险水库除险加固工程中，推广应用经济、安全、施工方便、低碳、环境友好的新坝型，具有广阔的应用前景和重要的现实意义。

胶凝砂砾石坝是在混凝土面板堆石坝（CFRD）和碾压混凝土坝（RCCD）筑坝理论及施工方法的基础上因地制宜产生的一种新坝型[1-2]。河床砂砾石或开挖料、风化料、破碎料等天然材料中加入少量胶凝材料（主要指水泥和粉煤灰）和水，经过简易拌和后，使用大型、高效的运输和压实机械施工，得到一种坝体剖面基本对称的坝，即胶凝砂砾石坝（Cemented Sand and Gravel Dam，CSGD）。

胶凝砂砾石坝（CSGD）同时具有混凝土面板堆石坝（CFRD）和碾压混凝

土坝（RCCD）的优点：与混凝土面板堆石坝（CFRD）相比，坝体剖面更小，地基要求低，施工工程量显著降低，且抗渗、抗冲刷能力增强；与碾压混凝土坝（RCCD）相比，水泥用量少，骨料制备和拌和设施大为简化，温控措施可以取消，施工速度明显加快，工程造价显著降低。另外，由于人工材料的减少，骨料标准的降低，弃渣料的利用，可有效地节约资源、最大程度避免土地植被的破坏，减少对自然环境的影响[3-13]。因此，CSGD 属于安全、经济、施工速度快、低碳环保、环境友好的新坝型，符合习近平总书记关于生态文明建设科学论断。

胶凝砂砾石坝作为一种新坝型，发展历时短，对坝体安全性等问题研究不够系统，存在以下三方面问题亟须解决：

（1）材料试验方面，胶凝砂砾石材料力学性能研究大多采用常规单轴抗压试验，也有部分抗拉和三轴试验成果。但是，对同一配比的材料同时进行抗拉、抗压和抗剪系统试验研究不够。难以确定其系统的强度指标，亟须同时对不同水泥含量、骨料级配、砂率、粉煤灰掺量等进行大量的常规单轴试验和大三轴试验研究，建立材料性能指标体系。

（2）工程实践中，应力分析的方法有：材料力学法、有限元法和模型试验法等。其中，模型试验法（水工结构模型试验及地质力学模型试验法）是将原型结构按相似原理做成模型，模型不仅要模拟建筑物及其基础的实际工作状况，考虑多种荷载组合（正常的和非正常的）以及复杂的边界条件，经过模型相似率的换算，可求得原型建筑物上的力学特征，以此解决工程设计中提出的复杂结构问题。胶凝砂砾石坝物理模型试验缺乏相似理论基础，模型试验还沿用传统模型试验方法及分析方法，基于胶凝砂砾石材料的特点，开展胶凝砂砾石坝模型试验理论及方法研究是非常必要的。

（3）坝体结构方面，胶凝砂砾石材料是在砂砾料中掺入少量的胶凝材料，其物理力学性质随胶凝材料含量的改变而改变，但通过现有研究成果，普遍认为胶凝砂砾石材料应力-应变关系为明显的非线性软化曲线，堆石本构关系或混凝土材料本构关系都不能准确地模拟胶凝砂砾石材料的实际应力和应变状态。因此，有必要研究坝体在荷载作用下的应力分布情况，通过模型试验的手段，明晰极限承载条件下坝体结构破坏模式与破坏机理。

鉴于以上问题，反映出胶凝砂砾石坝的基础理论研究还不够充分，严重影响到该优越坝型的发展。本书拟通过系统的试验研究，掌握胶凝砂砾石材料的力学特性；开展胶凝砂砾石坝模型试验研究，针对胶凝砂砾石材料物理力学特性进行胶凝砂砾石模型理论及模型研究；试验大坝在外荷载作用下的应力分布情况、变形特点、破坏模式及其演变过程。为安全、经济的胶凝砂砾石坝设计、施工与管理提供科学依据，促进这一具有明显优越性的新坝型的快速发展。

1.2 胶凝砂砾石材料坝国内外研究进展及成果

1.2.1 胶凝砂砾石坝建设与发展

胶凝砂砾石坝（Cemented Send and Gravel Dam，简称CSGD）是由拉斐尔（Raphael J M）首先提出，并基于RCC坝、面板堆石坝而发展起来的[14]。1970年，拉斐尔参加在美国加州举行的“混凝土快速施工会议”上，通过“最优重力坝”一文阐述了“关于掺土水泥理论及其应用的设计，并用高效的土石方运输机械和压实机械施工可以缩短施工周期和减少施工费用”的构想。最优重力坝的基本思想就是设计一种存在于重力坝和土石坝之间的坝型，使用特性介于混凝土和堆石体之间的筑坝材料，也就是碾压堆石工艺生产的水泥胶结堆石料，并且应该有一种全新的坝体形状与其相适应，以达到最优组合。最优重力坝的基本剖面是一个对称的梯形，在其上游设置防渗层，其筑坝材料是使用碾压堆石工艺生产的水泥胶结堆石料。

基于拉斐尔的构想，1982年美国建成了世界上第一座全碾压混凝土重力坝柳溪（Willow Creek）坝。该坝坝高52m，坝身长543m，不设纵横缝，胶凝材料用量仅为66kg/m^3，压实层厚30cm，连续浇筑上升，33.1万m^{3}碾压混凝土在不到5个月时间内完成施工，比常态混凝土坝工期缩短1～1.5年，造价只有常态混凝土重力坝的40%左右，从而充分显示了碾压混凝土坝快速施工和低造价的巨大优势。1988年，在第16届国际大坝会议上，法国人Londe P提出了用掺少量水泥的碾压混凝土作为筑坝材料，修建上下游坡度均为1∶0.7～1∶0.75的对称剖面的填筑坝。他指出这种坝断面大应力小，材料的性能要求有所降低，可以节省投资。1992年，Londe P又一次对这种坝型进行了更为细致的阐述，认为放宽对碾压混凝土性能和技术的要求，获得一种“硬填方”而非高强度混凝土，这样不但可以大幅度地降低工程总造价，而且还具备高的安全度，他同时将这一坝型称为FSHD（Faced Symmetrical Hardfill Dam），将这种筑坝材料称为Hardfill材料[15]。

近年，土耳其在硬填料坝理论研究及工程应用方面也有较快进展，Cindere坝（坝高107m）和奥尤克坝（坝高100m）已开工兴建。土耳其在2002年开工兴建坝高达到107m的Cindere坝（胶凝材料含量为50kg/m^{3}水泥和20kg/m^{3}粉煤灰），坝体采用对称的梯形结构，只在上游面设置防渗面板和排水系统，坝体内部不做任何处理，是迄今为止世界范围内最高的Hardfill坝[16]。

日本坝工界自20世纪90年代开始投入大量的人力、物力、财力来致力于Hardfill坝技术的研究与应用，硬填料在日本称之为CSG（Cemented Sand and Gravel Dam）；1994年，日本建造了Kubusugawa坝和Tyubetsu坝，这两座坝的上游围堰均采用CSG方式施工；坝高33m的Nagashima水库拦沙坝和坝高14m的Haizuka水库拦沙坝分别于 1999 年和 2002 年建成；2005 年，坝高 39m 的 Okukubi 拦河坝在冲绳县开工兴建，1991—1995 年，在长岛和久妇须川两座大坝的围堰施工中，采用在河床砂砾料中加入少量水泥作为围堰填筑材料来保证施工的快速进行。该筑坝技术不仅大幅降低成本，做到高效快速施工，而且建成的大坝具有较高安全性。

根据统计资料，从 20 世纪 80 年代开始胶凝砂砾石坝在国外已建成几十座，其中，日本、希腊、多米尼加、菲律宾、巴基斯坦、土耳其等均开展了相关的工程探索与实践[17-34]。国外代表性胶凝砂砾石坝见表 1.1。

表 1.1　国外代表性胶凝砂砾石坝

所在国家	坝名	坝高/m
希腊	Marathia	28
希腊	Anomera	32
多米尼加	Moncion（反调节坝）	28
菲律宾	Can - Asujan	40
法国	St Martin de Londress	25
土耳其	Cindere	107
日本	Nagashima	33
日本	Haizuka 拦沙坝	14
日本	Okukubi	39
日本	Sanru	50
日本	Honmyogawa	62

国内胶凝砂砾石坝工程应用始于 2004 年，由贵州省水利水电勘测设计研究院设计的贵州省道塘水库上游过水围堰工程是我国首次采用胶凝砂砾石坝方案，堰高 7m。2005 年，由福建省水利水电勘测设计研究院与中国水利水电科学研究院联合设计的福建街面水电站，下游围堰采用胶凝砂砾石坝方案，堰高 16.3m。2006 年，福建宁德洪口水电站上游围堰采用了胶凝砂砾石围堰，堰高 35.5m，坝体剖面首次采用上游 1：0.35，下游 1：0.8 的非对称剖面，并且经历了超标准洪水的考验。2009 年，云南澜沧江功果桥水电站上游围堰采用了胶凝砂砾石围堰，堰高 50m。在此基础上我国第一座永久工程的胶凝砂砾石坝，由山西省水利水电勘测设计研究院与中国水利水电科学研究院联合设计的山西守口堡水库胶凝砂砾石坝工程于 2018 年 10 月 14 日在山西守口堡工程填筑完成，坝高 61.6m。2019 年 6 月 7 日四川省营山县金鸡沟胶凝砂砾石坝工程填筑完成，最大坝高 33m。2019 年 12 月四川省犍为航电 2700m 胶凝砂砾石堤防工程填筑完成。标志着该坝型开始在永久工程的应用推广[35-51]。国内代表性胶凝砂砾石坝见表 1.2。

表 1.2 国内代表性胶凝砂砾石坝

所在地区	坝　名	坝　高/m	建成年份
贵州	道塘水库上游围堰	7	2004
福建	街面水电站下游围堰	16.3	2005
福建	洪口水电站上游围堰	35.5	2006
云南	功果桥水电站上游围堰	50	2009
贵州	沙沱水电站左岸下游围堰	14	2009
四川	顺江堰溢流坝	11.6	2016
贵州	猫猫河山塘	18.2	2017
山西	守口堡水库胶凝砂砾石坝	61.6	2018
四川	金鸡沟胶凝砂砾石坝	33	2019
四川	胶凝砂砾石堤防	14.1	2019

1.2.2 胶凝砂砾石材料特性研究进展及成果

1. 国外研究成果

日本 Hirose T 和 Fujisawa T 等学者结合 Tokuyama 坝、Haizuka 水库拦沙坝和 Nagashima 水库拦沙坝等工程进行了一系列的试验研究，研究分析了该材料的各种力学特性和应力-应变规律。研究发现：该材料在单轴压缩试验时表现出明显的弹塑性特征；水泥含量、用水量以及骨料级配对材料的抗压强度和弹性模量均有较大影响；水泥含量越高胶凝砂砾石的弹性极限强度越高；存在“最优用水量”使材料获得最大的抗压强度[52-53]。

该试验所得到的应力-应变曲线和常规混凝土较为相似，其应力-应变曲线大致表现为以下规律：当试件承受较小荷载时，应力-应变曲线基本呈线性关系，当应变达到一定数值后，应力达到弹性极限强度；超出弹性极限强度后，随着荷载的逐渐增大，应力-应变曲线表现出非线性特征，曲线增幅相对变得平缓，直到达到峰值强度后试件遭到破坏；之后，应力随着应变的增加不断减小，材料呈现典型的软化现象。从曲线关系上还可以看出，该材料的弹性极限强度为峰值强度的60%～70%。

Kongsukprasert、Lohnai 和 Tatsuoka 等学者也进行了一系列的三轴剪切试验，试验表明：用水量、击实功和水泥用量等因素对胶凝砂砾石的应力-应变关系有很大影响；当水泥用量合适、含水量最优时，压实度可以达到最大值。

Haeri S 和 Hosseini S 等学者的研究表明：胶凝砂砾石在三轴不排水剪切条件下，当不添加水泥灰或水泥灰用量小于1.5%时，试样表现为剪缩特征；当水泥灰用量超过1.5%时，试样表现为剪胀特征；同时指出无侧限压缩时材料强度随水泥灰含量的增加而增大。

英国杜伦大学工程学院地质工程试验室对其称之为"Cemented sandy gravel"的材料进行了三轴试验，Asghari E和Haeri S Mohsen在该试验的基础上对比分析了不同胶凝含量的试件的破坏形态及应力-应变特点，试验表明：不同胶凝含量的试件在达到峰值强度后均发生应变软化现象；材料强度和刚度随胶凝含量的增加而增大，但其影响程度随着围压的增大而减小；同时试验也表明该材料的破坏包络线不是严格的直线，材料的内聚力随胶凝含量的增加而增大。同时提出试件在剪切过程中体积呈现膨胀特征，表现出剪胀性。

Tadahiko Fujisawa结合混凝土与堆石料进行比较，得出胶凝砂砾石材料是处于混凝土和堆石料之间的过渡材料，该材料包括弹性区域和塑性区域，属于弹塑性材料；胶凝砂砾石材料的应力-应变关系与堆石料相比具有明显的峰值强度与软化段，而与混凝土相比强度明显偏低，但材料的延性较为显著；CSG材料的强度和变形模量明显高于堆石料，但与混凝土相比却明显偏低。工程中混凝土是使用峰值强度进行设计的，而胶凝砂砾石材料是作为弹性体设计的，所以以弹性区域的强度作为CSG的设计强度标准会使得胶凝砂砾石坝具有更大的安全储备，安全性更高。

2. 国内研究进展

从20世纪末到21世纪初，我国多家高等院校与科研单位开始从不同角度对胶凝砂砾石材料性能、本构模型、计算分析方法及设计原则及标准等进行了广泛的研究和探讨。其中代表性研究单位有：武汉大学、华北水利水电大学、中国水利水电科学研究院、中国科学研究院和河海大学及大连理工大学等。

1995年，华北水利水电大学张镜剑、孙明权教授获得水利部重点科研项目支持，进行《超贫胶结材料坝研究》（合同编号：SZ9509），通过大量试验，研究了胶凝材料含量为10～80kg/m^{3}时胶凝砂砾石材料的物理和力学性能。试验分析了水灰比、砂率对胶凝砂砾石材料力学性能的影响，试验得出：当采用"最佳水灰比"与"合理砂率"时可以使胶凝砂砾石材料获得最大的强度值；同时指出在胶凝砂砾石材料内掺入粉煤灰，可以提高材料的后期强度；胶凝材料含量及水灰比是影响胶凝砂砾石材料抗压强度和弹性模量的主要因素，其最佳水灰比为0.8～1.2；在大量的单轴试验的基础上，进行了二维应力状态下胶凝砂砾石材料力学性能的探索，给出了大三轴试验的应力-应变关系曲线。试验结果显示，应力-应变关系曲线存在一个峰值强度，偏应力随着轴向应变的增加而增加，起初基本呈线性关系增长，随后增加梯度逐渐变缓，表现出非线性特征，曲线前半支近似于双曲线关系；当轴向应变在2%左右时，曲线达到峰值；随后强度快速下降；超过6%以后，下降趋势变缓，最后逐步趋于一定值，称之为残余强度，曲线呈明显的软化特征。同时结果还显示，在胶凝材料含量相同时，材料强度随围压的增长呈现明显的增大；在同一围压下，胶凝材料含量越多，材料峰值强度及残余强度越大，并存在剪胀性特征。通过对试验曲线进行分析，提出了反映其软化特征的“虚加弹簧法”邓肯-张模型，进行了胶凝砂砾石坝非线性应力及变形分析，探讨了不同胶凝材料含量的胶凝砂砾石坝可建坝高度和地基适应条件[54-60]。

20 世纪 90 年代末，武汉水利电力大学唐新军等通过试验对天然级配砂石料中掺入少量胶凝材料形成的“胶结堆石料”的基本力学性能及其影响因素进行了初步分析和探讨。研究发现：这种胶结堆石料兼有土石料和混凝土的一些特点；胶结堆石料的抗压强度主要受骨料级配、胶凝材料含量、用水量等因素的影响，其中胶凝材料含量和细骨料（小于 5mm）含量对强度的影响最为明显；胶结堆石料的弹性模量低于一般碾压混凝土的弹性模量，但远远高于堆石体的弹性模量；掺入一定比例的粉煤灰有利于改善胶结堆石料硬化后的力学性能，并且可以节省水泥的用量[61]。

2004 年，中国水利水电科学研究院贾金生等在水利部“948”计划技术创新与技术推广转化项目支持下，进行了“胶凝砂砾石坝筑坝材料特性及其对面板防渗体影响的研究”（合同编号：CT200136）中，结合福建尤溪街面水电站下游胶凝砂砾石坝围堰的建设，对胶凝砂砾石坝的筑坝材料物理力学特性、坝体稳定和应力分析、坝体防渗体系等问题进行了深入研究[62-63]。

2006 年，武汉大学何蕴龙和李建成等开展了“Hardfill 坝几个理论问题的研究”，通过试验进行各种配合比设计，分析影响材料强度的各种因素，试验表明：水胶比、砂率、胶凝材料用量、粉煤灰掺量等对 Hardfill 材料抗压强度有明显影响，其中水胶比影响最明显，存在“最佳水胶比”与“合理砂率”；同时得出在胶凝材料用量与用水量相同的情况下，粉煤灰掺量越多，材料抗压强度越低。之后根据对胶凝砂砾石的单轴、三轴试验资料的分析，认为胶凝砂砾石应力-应变关系曲线，与 Ottosen 在 1977 年提出的混凝土材料本构模型的曲线形态和特征相似。可将胶凝砂砾石的应力-应变关系借用 Ottosen 模型的函数表达式来描述，提出了胶凝砂砾石材料的 9 参数本构模型[64-66]。

2010 年，由水利部水利水电规划设计总院、中国水利水电科学研究院、清华大学主持，长江科学院、长江勘测规划设计研究院和北京勘测设计研究院、山西省水利水电勘测设计研究院、华北水利水电大学、河海大学等十几个单位共同参与的水利部公益基金行业科研专项经费项目“胶凝砂砾石与堆石混凝土筑坝关键技术研究”，项目结合材料试验、坝体结构分析和施工工艺关键技术等方面对胶凝砂砾石材料坝进行综合性研究，取得了大量成果，为《胶结颗粒料筑坝技术导则》（SL 678—2014）的出版，奠定了基础[67]。

2013 年，华北水利水电大学孙明权教授承担的水利部公益性行业科研专项项目“胶凝砂砾石材料力学特性、耐久性及坝型研究”（项目编号：201301025），明晰了胶凝材料用量、含砂率和水胶比等多种因素对胶凝砂砾石材料力学性能的影响规律，给出了以抗压强度为基础的材料力学性能指标；提出了重力坝、胶凝砂砾石坝和土石坝坝体剖面设计的“三段法”划分理念；建立了胶凝砂砾石材料的本构模型；建立了胶凝砂砾石材料冻融损伤演化模型；编制了坝体冻融温度场及损伤应力场仿真程序，提出了满足工程抗冻耐久性要求的措施和方法[68-78]。

2018年，由清华大学作为牵头单位，中国水利水电科学研究院贾金生作为项目负责人的“十三五”国家重点研发计划项目“新型胶结颗粒料坝建设关键技术”（编号：2018YFC0406800），从“广源化胶结颗粒料配制技术及性能演化”“胶结颗粒料宏细观性能”“胶结颗粒料坝物理、数值模型与性态演变规律”“胶结颗粒料坝结构破坏模式与新型结构优化理论”“胶结颗粒料坝高效施工工艺设备与全过程质量控制系统”“胶结颗粒料坝全生命期安全评估与筑坝技术体系”等六个方面对胶结颗粒料坝进行系统研究。项目周期三年，各方面研究正在紧张进行中[79-83]。

另外，中科院吴梦喜等在分析胶凝砂砾石的应力-应变特征及其胶结与破坏机理的基础上，将表征硬填料初始形成状态的堆石料概化为堆石元件，堆石元件为不掺胶凝材料的常规堆石体，可采用土体的非线性弹性本构模型（如常用的邓肯-张模型、解耦K-G模型）模拟；将胶凝材料的胶结作用概化为“胶结元件”，由于硬填料中胶凝材料的水化作用随着龄期发展，胶结元件应与龄期有关，那么胶结元件可构造为强度与模量随龄期发展的弹性损伤模型。基于应变一致假定提出了二元并联概念模型，该模型既能描述胶凝砂砾石应力-应变非线性特征又能描述模量随着龄期增长的特征[84]。

河海大学蔡新等在胶凝砂砾石的抗压强度、抗折强度和大三轴试验的基础上，通过对试验数据进行回归分析，认为由大三轴试验得到的$(\sigma_1-\sigma_3)-\varepsilon_a$曲线关系不满足邓肯-张本构关系中的双曲线假设，但是得出胶凝砂砾石的初始切线模量E_0和破坏强度$(\sigma_1-\sigma_3)_f$均与围压满足一定的相关关系，凝砂砾石的应力水平S与E_t/E_0之间的关系比较一致。因此，采用三次多项式对曲线进行拟合。通过控制曲线的初始切线斜率和曲线的峰值强度来调节控制曲线的形状，从而反映不同应力状态下该材料的应力-应变特性。推导出该材料在压缩状态和拉伸状态下的本构模型[85-89]。

综上所述，在已有研究成果基础上，进一步对胶凝砂砾石材料力学指标进行系统研究，明晰不同水泥含量、骨料级配、砂率、粉煤灰掺量等关键因素对材料强度的影响规律，建立材料性能指标体系。进而根据初拟配合比，预测胶凝砂砾石材料主要力学指标，对胶凝砂砾石材料研究具有重要意义。

1.2.3 胶凝砂砾石材料模型试验研究进展及成果

1870年，弗劳德首先按水流相似准则进行了船舶模型试验。1885年，雷诺利用重力相似准则进行了河口潮汐模型试验。1898年H. 恩格斯（H. Engels）在德国建立了世界上第一座水工试验室，进行了河道模型试验。中国第一座水工试验所于1935年在天津建成，同年筹建了南京中央水工试验所。1949年以后，随着水利水电建设的发展，在我国各大科研院所、流域机构、水利水电勘测设计院、高等院校都相继建立了水工试验室。

水工模型试验研究的发展大体上分以下三个阶段。

1. 创立阶段

水工模型结构试验创立于20世纪初期到40年代期间，这个时期大坝水电站等水工建筑物大量建设，人们对其认识不断深入并伴随着相似理论的出现，水工结构模型试验应运而生，并开始初步用于工程实际指导工程建设。这个阶段模型材料简单、单一主要是石膏橡皮等，并且测量技术匮乏，模型试验发展缓慢，代表成果有美国威尔逊教授的重力坝以及拱坝模型。

2. 推广阶段

20世纪40年代到60年代，水工结构模型试验进入发展阶段。在这一阶段，由于世界上水坝建设的迅速发展，水工结构模型试验也随之得到了极大的推广和发展。1956年，在模型试验国际研讨会上讨论了模型的相似理论和技术。世界著名的意大利贝加莫结构模型试验研究所（ISMES），就是在1951年建立的。该所进行了大量的模型试验，用地质力学模型对大坝的稳定性进行研究，并给出了很有意义的成果。其特点是用大比例尺的模型，一般为1∶20～1∶80。另一个著名的实验室是葡萄牙里斯本国家土木工程研究所（LNEC），建立于1947年。该所多用小比例尺的模型，一般为1∶200～1∶500。20世纪50年代起，我国很多高校以及科研所，如清华大学、华东水利学院、武汉水利电力学院、成都工学院、中国水利水电科学研究院、长江科学院等也相继建立了结构模型实验室，开始进行水工模型试验研究。这个时期的特点是：结构模型试验进行数量多，参与研究的人员单位也多，在模型技术、材料、实验方法上都得到较大发展，并且开始用实验的手段解决实际工程问题。

3. 深入发展阶段

自20世纪70年代以来，结构模型试验进入深入发展阶段。随着新的测试技术的出现和模拟理论的发展、模型材料的深入研究，记忆新的实验方法的出现和应用（如地质力学模型和离心模拟技术）等，极大推动了水工模型试验的发展，促进了水工模型试验在实际工程中的应用。同时在地质力学模型试验方面，随着学科的发展，在模型材料和实验方法上有了突破性进展。模型试验是仿真实体的实验，其通过在模型上施加与原型工程相似的外界条件，模拟工程实际的应力状态和破坏形式。对比较重要的工程采用模型试验可以从另外角度对工程进行更全面的分析，二者相互验证互为补充，对解决工程技术难题提供更可靠的依据。当前在国内外许多重大工程安全稳定的研究中，模型试验和数值分析相结合的方法已成为主导，并为工程实际提供可靠的依据[90-103]。

选择正确合理的相似材料是准确模拟工程原型的关键。随着现代测试技术和模拟理论的发展、模型材料研究的深入，以及新的模型试验技术的应用（如地质力学模型和离心模拟技术）等，水工结构模型试验研究领域进一步扩大。目前，国内正在使用的模型试验相似材料主要有：武汉大学韩伯鲤研制的高容重、低弹模、低强度特征的MIB材料[104-106]，清华大学李仲奎研制的NIOS材料[107]，山东大学的王汉鹏研制的铁晶砂胶结材料（IBSCM）[108-109]，四川大学水工结构研究室研制了新型变温相似材料[110-111]，实现了在一个模型上强度储备法等，这些模型材料大多以机油、松香、酒精等有机材料类和石膏、水、水泥等无机材料为黏结剂；以铜粉、铁粉、铁精粉、膨润土、砂或硅藻土等为加重料；以甘油、松香、酒精、熟淀粉浆及石膏等为添加剂。水工结构模型试验发展较为全面，由于CSGD发展历时短，其坝体材料性能特点突出，目前国内外研究都较少涉及。

1.3 拟研究内容及技术路线

1.3.1 拟研究内容

以胶凝砂砾石坝的安全运行为原则，分析胶凝砂砾石坝极限承载能力，拟定的研究内容包括：胶凝砂砾石材料力学特性研究、胶凝砂砾石坝模型试验理论与模型材料研究、胶凝砂砾石坝体模型试验研究、数值分析坝体极限承载能力研究四个方面。四个方面紧密相连、层层递进，胶凝砂砾石材料力学特性研究是基础，明晰原材料的力学特性，为模型材料选取提供依据；胶凝砂砾石坝模型试验理论研究，确定材料物理力学控制参量，从而确定模型材料相似指标；开展胶凝砂砾石材料相似模拟方法研究，保证模型材料与原型材料力学相似，才能保证模型试验成果的准确性；胶凝砂砾石坝模型试验方法研究又是坝体结构及稳定研究的基础，通过结构模型试验，结合数值分析计算，准确把握坝体受力情况及工作形态，得到坝体极限承载能力。

具体的研究内容如下所述。

1. 胶凝砂砾石材料力学特性研究

胶凝砂砾石材料的特点是希望选用河道广源化骨料，而天然骨料、开挖料、风化料、破碎料的成分、级配以及胶凝材料的类型与含量是影响胶凝砂砾石材料力学特性的关键因素，为合理确定其强度指标，必须通过大量的试验，明晰其力学特性及变化规律。

（1）拟选取天然河道的砂砾石作为骨料，通过筛分，取不同颗粒级配、水泥含量、粉煤灰掺量、含沙率、水灰比、龄期、试件尺寸等同时进行常规抗拉、抗压试验和大三轴剪切试验，得出相应的应力-应变关系曲线，研究胶凝砂砾石材料的强度随之变化规律，给出不同组合与配比情况下胶凝砂砾石材料的抗拉、抗压、抗剪等强度指标，考虑料场材料颗粒级配的离散性，研究各强度指标的取值范围。

（2）在大量试验数据基础上，建立以立方体抗压强度为基础的胶凝砂砾石材料的强度指标体系。明晰胶凝砂砾石材料立方体抗压强度与轴心抗压强度、劈裂抗拉强度、弯曲强度及三轴剪切指标间的对应关系。

（3）在现有大量试验数据基础上，考虑广源化材料性能的差异，建立胶凝砂砾石材料配合比及其强度数据集，并基于Q-Q图分析胶凝砂砾石材料强度的分布规律，在此前提下，运用Z-score标准化法判别并剔除数据的异常值，建立了基于BP神经网络的预测模型，实现以砂砾石材料任意配合比主要参数预测强度，并运用配对T检验方法分析实测值和预测值的差异性。

2. *胶凝砂砾石坝模型试验方法及相似材料研究*

（1）基于传统模型试验方法，开展胶凝砂砾石坝相似理论研究。相似理论是模型试验的基础，胶凝砂砾石坝模型试验是以模型与原型之间物理相似为基础的模型试验，针对胶凝砂砾石坝特点，开展胶凝砂砾石坝模型试验相似理论研究，推导模型相似准则，建立模型相似判据。

（2）完善模型试验方法及分析方法研究。针对胶凝砂砾石坝结构剖面形式及材料特点，开展模型试验方法研究，设计模型试验程序，完善试验分析方法。

（3）分析胶凝砂砾石材料力学特性以及胶凝砂砾石坝结构特点，结合混凝土坝结构模型材料配置经验，比选合适的模型相似材料，通过模型材料试验，选择适用于胶凝砂砾石特性的模型材料制作工艺。建立模型材料中各组成成分对材料性能的影响关系，满足原型材料弹性阶段及塑性阶段相似要求，模拟胶凝砂砾石材料构成特点及重要特征。

3. *胶凝砂砾石坝体模型试验研究*

首先需要开展胶凝砂砾石坝结构模型试验，确定胶凝砂砾石坝在正常或特殊设计荷载作用下的应力和变形，判断坝体各部位受力情况，从而得到材料强度控制方法及控制标准；在此基础上，通过结构模型破坏试验，模拟均质坝基条件下坝体的变形破坏情况，得到坝体极限承载状态下结构的破坏模式及其演变过程，从而反映出建筑物的实际工作状态，了解模型真实应力分布情况，最终确定坝体结构本身的极限承载能力以及各阶段超载安全系数判定准则，得到坝体薄弱环节。

4. *数值分析坝体极限承载能力研究*

计算分析不同坝高、边坡对坝体应力及位移的影响。明确胶凝砂砾石坝的大主应力、小主应力、水平位移、垂直位移随坝高及边坡变化规律等。结合模型试验结果，确定胶凝砂砾石坝破坏机理。

1.3.2 技术路线

针对现有试验研究资料，以及国内外工程实例，归纳总结胶凝砂砾石材料力学特性以及胶凝砂砾石坝体结构特点，建立胶凝砂砾石坝模型试验理论，完善胶凝砂砾石坝模型试验工艺及方法，研制出胶凝砂砾石坝相似材料及相应的试验模拟新技术。通过上述研究成果，开展胶凝砂砾石坝模型试验，通过模拟坝体结构破坏情况，结合有限元仿真分析方法，确定坝体极限承载能力。技术路线如图 1.1 所示。

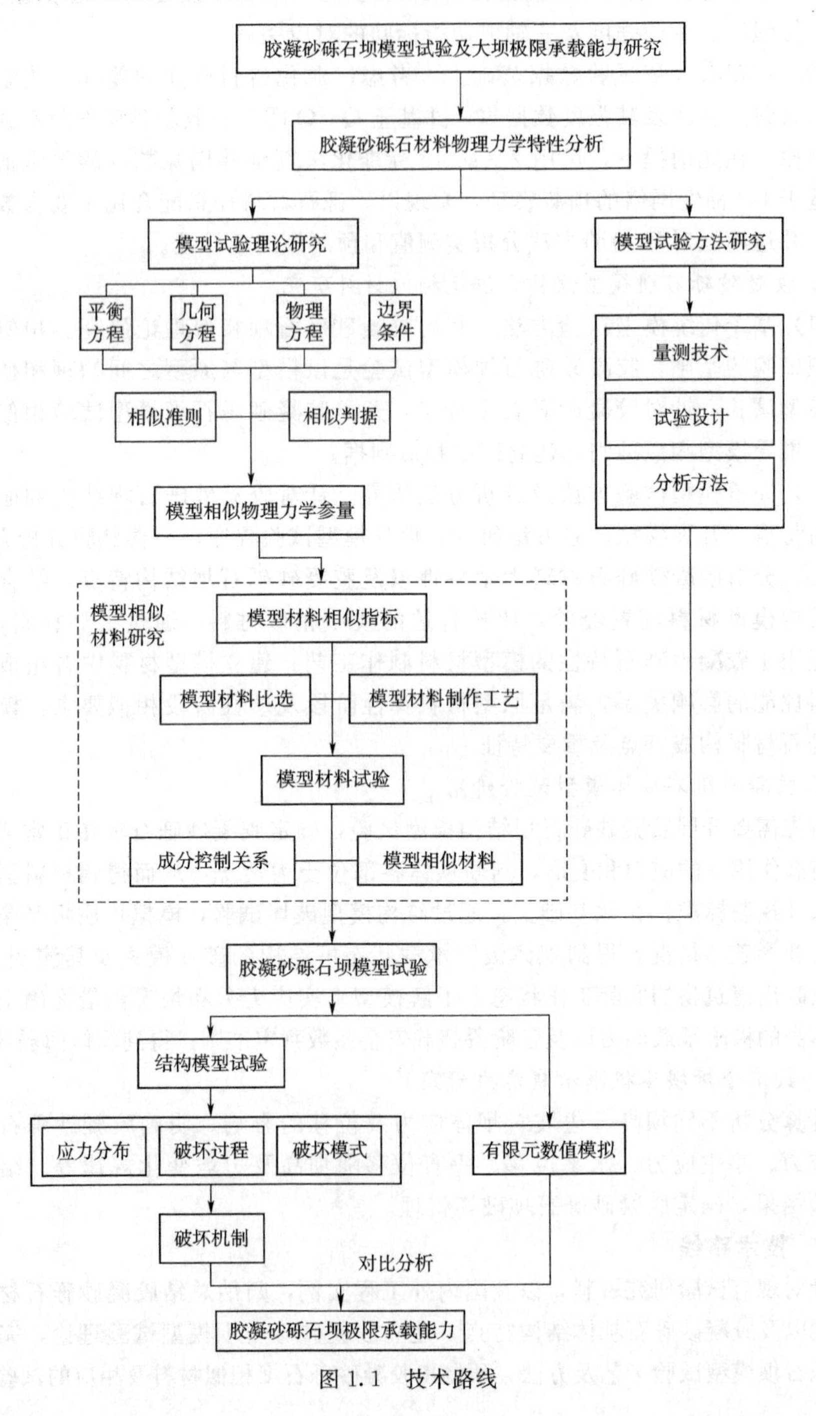

图 1.1　技术路线

1.4 主要研究内容及基本框架

根据研究内容及实际情况，本书具体框架如下：

（1）绪论。论述本书的研究背景及意义，阐述胶凝砂砾石坝国内外建设与发展情况、胶凝砂砾石材料特性以及胶凝砂砾石坝模型试验研究进展。列出本书主要研究内容及技术路线。

（2）胶凝砂砾石材料力学特性研究。阐述胶凝砂砾石材料试验从骨料选取、试验配合比、试件制备再到试验数据采集全过程。得到水泥用量、粉煤灰掺量、砂率、水胶比等因素对材料抗压强度的影响规律；采用 BP 神经网络方法，进行抗压强度预测；建立以抗压强度为基准的拉、压、剪力学指标体系。为下文胶凝砂砾石坝模型试验提供原型参数。

（3）胶凝砂砾石材料模型相似理论及相似材料选取。基于传统模型试验方法，结合胶凝砂砾石坝特点，开展胶凝砂砾石坝模型试验相似理论研究，推导模型相似准则，建立模型相似判据。通过模型材料试验，研制出粗砂、重晶石粉、石膏粉、水泥、铁粉混合而成胶凝砂砾石坝的相似模型材料。为下文胶凝砂砾石坝模型试验提供模型参数。

（4）胶凝砂砾石坝结构模型试验。依据山西守口堡水库胶凝砂砾石坝原型，对其进行概化模拟。提出胶凝砂砾石坝模型制作、加载、测量方法。进行模型坝体施工期、正常运行期以及超载破坏试验，得出不同工况下模型坝体应力-应变情况，为原型坝体受力状态提供参考，明晰胶凝砂砾石坝破坏形式。

（5）胶凝砂砾石坝线性有限元分析。根据模型试验结果选定胶凝砂砾石坝合适的本构模型及计算方法，开展胶凝砂砾石坝数值计算，明晰坝高及边坡变化时，坝体的实际受力状态。

（6）结论。总结胶凝砂砾石材料基本力学试验、模型材料试验、坝体模型试验及数值计算分析的研究成果及创新点，并展望下一步的研究方向及重点。

第2章　胶凝砂砾石材料力学特性研究

国内外学者对胶凝砂砾石材料力学性能试验研究，其选取的主要影响因素通常有：胶凝材料用量、砂率、水胶比。且大都采用常规单轴抗压试验方法。但是，对不同配合比下多影响因素，以及对同一配比下的材料同时进行抗拉、抗压和抗剪系统试验研究不够，难以确定其系统的强度指标。

本次项目研究，以天然河道的砂砾石作为骨料，选取不同颗粒级配、水泥含量、粉煤灰掺量、砂率、水胶比、龄期、试件尺寸等变化因素同时进行常规抗拉、抗压试验和大三轴剪切试验，得出相应的应力-应变关系曲线，研究胶凝砂砾石材料的强度随之变化规律，给出不同组合与配比情况下胶凝砂砾石材料的抗拉、抗压、抗剪等强度指标，研究各强度指标的取值范围，建立系统的胶凝砂砾石材料的力学指标体系。

胶凝砂砾石材料是一种新型坝体材料，国内外对其材料特性的研究尚不完善，也未形成统一的规范要求，但胶凝砂砾石材料特性介于混凝土与土之间，因此本次试验，依据《水工混凝土试验规程》（SL/T 352—2020）和《土工试验规程》（SL 237—1999），对试验材料技术指标进行检测，对成型的试件进行试验。

2.1　试验材料选取及性能

混凝土是由水泥、水、砂（细骨料）及石子（粗骨料）四种基本材料组成。为节约水泥或改善混凝土的某些性能，常掺入一些外加剂及掺合料。水泥和水构成水泥浆；水泥浆包裹在砂颗粒的周围并填充砂子颗粒间的空隙形成砂浆；砂浆包裹石子颗粒并填充石子间的空隙，组成混凝土。在混凝土拌和物中，水泥浆在砂、石颗粒之间起润滑作用，使拌和物具有和易性，易于施工。水泥浆硬化后形成水泥石，将砂、石胶结成整体。砂、石子一般不与水泥起化学反应，其作用是构成混凝土骨架，并对混凝土的体积变形起一定的医治作用。

胶凝砂砾石材料和混凝土性质相似，亦由胶凝材料（主要指水泥和粉煤灰）、水、砂（细骨料）及石子（粗骨料）四种基本材料组成。

2.1.1 水泥

水泥呈粉末状，与水混合后，经过物理化学过程能由可塑性浆体变成坚硬的石状体，并能将散粒材料胶结成为整体，是一种良好的矿物胶凝材料。水泥不仅能在空气中硬化，还能更好地在水中硬化，保持并发展强度，属于水硬性胶凝材料。

在胶凝砂砾石材料中，水泥作为主要的胶凝材料，对胶凝砂砾石材料的力学特性有显著的影响，水泥等级越高，水泥石的强度也会越高，与材料胶结强度也会越高，进而体现为胶凝砂砾石材料强度的提高，因此，水泥品种和标号的选取变得极为重要。《胶结颗粒料筑坝技术导则》（SL 678—2014）对胶凝砂砾石材料中水泥的要求：凡符合 GB 175、GB 200 的硅酸盐系列水泥均可用于胶结颗粒料筑坝；当胶结材料中掺入粉煤灰等矿物掺合料时，水泥宜优先选用硅酸盐水泥、普通硅酸盐水泥、中热或低热硅酸盐水泥。

参考国内多数混凝土工程多采用 32.5MPa、42.5MPa 或 52.5MPa 等级的硅酸盐水泥或普通硅酸盐水泥，水利工程属大体积结构，有低水化热的要求，而且多利用后期强度，根据《超贫胶结材料坝研究》，推荐胶凝砂砾石材料“使用 425 号水泥为好”。因此，在本次试验中的水泥，选用普通硅酸盐水泥 425 号水泥。试验采用河南多样达水泥有限公司生产的 425 号普通硅酸盐水泥（直销，附检测单），物理力学指标见表 2.1。

表 2.1 水泥的物理力学指标

水泥品种：普通硅酸盐水泥 强度等级：42.5MPa

技术要求	标准值	检验值	技术要求	标准值	检验值
安定性	合格	合格	3d 抗折强度	≥3.5	5.2
三氧化硫/%	≤3.5	2.60	单块强度		
氧化镁/%	≤5.0	—	3d 抗压强度	≥17.0	28.3
烧失量/%	≤5.0	3.03	单块强度		
初凝时间/min	≥45	168	28d 抗折强度	≥6.5	—
终凝时间/min	≤600	230	单块强度		
氯离子/%	≤0.06	0.025	28d 压折强度	≥42.5	—
碱含量/%	—	—	单块强度		

注 该水泥厂出具的检验报告单显示购买批次产品符合《通用硅酸盐水泥》（GB 175—2007）标准规定的技术要求。

2.1.2 砂石料

胶凝砂砾石材料最主要的特点就是直接利用天然河道的原状砂砾石，不筛分直接拌和，以降低材料造价。但是经过前期的研究，砂石料的级配对胶凝砂砾石材料的力学特性产生重要影响。而实际工程中，各地天然河道原状砂砾石级配又各不相同，为研究不同级配对材料性能的影响，必须选择合适的砂砾料场，经过筛分、配比，以研究其影响规律。在前期试验准备阶段，先后考察了禹州市颍河段某料场（图 2.1）、三门峡市洛河段某料场（图 2.2）及汝州市汝河段河道砂石料场（图 2.3 和图 2.4）。对不同河流的不同料场进行比选。禹州市颍河段料场，骨料粒径偏大，多为漂石，且含砂率低，泥土含量高；三门峡市洛河段料场，该料场储备偏低，且为人工碎石，得不到原级配曲线；汝州市汝河段河道砂石料场，为原状砂砾料，料源充足，级配完整。经比选，最终选择汝州市汝河段河道砂砾料为试验用料。

图 2.1 禹州市颍河段某料场

图 2.2 三门峡市洛河段某料场

图 2.3 汝州市汝河段河道砂石料场（近景）

图 2.4 汝州市汝河段河道砂石料场（远景）

2.1.3 粉煤灰

粉煤灰是煤粉经高温燃烧后形成的一种似火山灰质混合材料。燃烧煤的发电厂将煤磨成 100μm 以下的煤粉，用预热空气喷入炉膛成悬浮状态燃烧，产生混杂有大量不燃物的高温烟气，经集尘装置捕集就得到了粉煤灰。粉煤灰的化学组成与黏土质相似，主要成分为二氧化硅、三氧化二铝、三氧化二铁、氧化钙和未燃尽碳。大量研究表明，粉煤灰属于活性材料，具有一定的胶凝性能。

通过以往的研究和工程经验得知，在混凝土中加入一定量的粉煤灰可以提高混凝土的强度，同时可以有效地改善混凝土的耐久性能。将粉煤灰作为胶凝材料加入胶凝砂砾石材料当中，粉煤灰不仅起到了胶结骨料，增加材料强度的作用；在一定条件下，粉煤灰自身也可以参与化学反应，与水泥水化后的产物氢氧化钙产生二次反应后会生成 C-S-H 及 C-A-H 凝胶物质，产生一定强度，对硬化浆体起增强作用从而增强材料的强度，但是反应速度较慢，前期对材料强度提高程度不明显，但对材料后期强度提高效果显著。大量实践证明：在混凝土中掺入粉煤灰，可以有效改进混凝土的性能，提高材料的施工性，在提高强度的同时还可以减少粉煤灰对社会环境的污染。

《胶结颗粒料筑坝技术导则》(SL 678—2014) 对胶凝砂砾石材料中水泥的要求：胶结颗粒料中可掺入粉煤灰、粒化高炉矿渣粉、硅灰、沸石粉、磷渣粉、火山灰、复合矿物等掺合料。掺用的品种应通过试验确定。导则中对自密实混凝土宜使用Ⅰ级或Ⅱ级粉煤灰，对胶凝砂砾石材料未做要求。

本试验粉煤灰采用郑州热电厂干排 F 类Ⅱ级粉煤灰，技术性能见表 2.2。

表 2.2　粉煤灰技术性能

密度 /(g/cm^3)	45μm 筛余 /%	需水量比 /%	化学成分/%				
			SiO_2	Fe_2O_3	Al_2O_3	CaO	烧失量
2.11	17	102	59.61	7.41	21.33	4.24	1.78

2.1.3.1 砂

为研究不同砂率对材料的性能影响，试验细骨料采用的汝州市北汝河料场河沙，主要由两部分组成：一部分是从原状砂砾料中筛分得到（原状砂砾料砂率在 22%左右）；另一部分是从料场直接购买的水洗后的河沙。试验前参照《水工混凝土试验规程》(SL/T 352—2020) 中 2.1 节“砂料颗粒级配试验”相关规程，对其细度模数进行了测定。砂样细度模数的计算为

$$FM=\frac{(A_2+A_3+A_4+A_5+A_6)-5A_1}{100-A_1} \tag{2.1}$$

式中　FM——砂料细度模数；

A_1、A_2、A_3——5.0mm、2.5mm、1.25mm 各筛上的累计筛余百分率；

A_4、A_5、A_6——0.63mm、0.315mm、0.16mm 各筛上的累计筛余百分率。

细度模数以两次试样测量的平均值作为最终取值。若各筛筛余量和底盘中粉砂质量的总和与原试样质量相差超过试样量的 1%时；或两次测试后计算的细度模数相差超过 0.2，应重做试验。本次试验取两个样本进行，测得的细度模数见表 2.3。

表 2.3 砂细度模数测定

指标	试样编号	样品质量/g	筛径/mm								筛后样品质量/g	细度模数
			10	5	2.5	1.25	0.63	0.315	0.16	≤0.16		
筛余量/g	1	500	0	29	67	70	88	125	86	34	499	2.58
	2	500	0	29	67	67	86	128	84	37	498	2.56
累计筛余百分率	1		0	5.8	19.2	33.3	50.9	76.0	93.2	100		
	2		0	5.8	19.3	32.7	50.0	75.7	92.6	100		

从砂子的细度模数测定表中可以得出，计算所得购买河沙其细度模数为 2.57，属于中砂。《胶结颗粒料筑坝技术导则》（SL 678—2014）中指出，天然料中砂子的细度模数宜为 2.0～3.3。本次试验采购河砂满足导则要求。

2.1.3.2 石子

本次试验要探究不同骨料级配，不同砂率对材料的性能影响。为了便于试验，调整不同配比，试验石子（粗骨料）采用的汝州市北汝河料场砂砾石。骨料包括两种：一种是经水洗处理后的砂石骨料（简称配料），其含砂率经筛分试验计算为 2.81%，含砂率相对较低，20mm 以上 80mm 以下粒径的骨料偏多；另一种是未经任何处理的原状砂砾料（简称毛料），其含砂率经筛分试验计算为 22.11%，含砂率较高。砂砾料本身质地坚硬，强度指标高。

为了测定石料的颗粒级配，供胶凝砂砾石配合比设计时选择骨料级配，对石子分别用孔径为 150mm、80mm、40mm、20mm 的方孔筛网进行筛分，经人工分级筛分后，放置料仓，两种骨料的级配见表 2.4 和表 2.5。

表 2.4 水洗料级配

骨料品种	累计筛余/%					砂率/%
	5～20mm	20～40mm	40～80mm	80～150mm	>150mm	
配料	22.91	36.52	23.09	5.75	8.92	2.81

表 2.5 毛料级配

骨料品种	累计筛余/%					砂率/%
	5～20mm	20～40mm	40～80mm	80～150mm	>150mm	
毛料	23.83	26.64	15.77	5.61	6.04	22.11

由表 2.4 和表 2.5 中可以看出，试验用砂砾料级配连续。试验过程中对 5～20mm、20～40mm 粒径的骨料使用量大，该料场的骨料能最大限度满足试验，对骨料的利用率高。

2.2 试验内容及配合比设计

2.2.1 试验内容

在完成项目任务书内容的前提下，以天然河道的砂砾石作为骨料，通过不同配合比设计，选取不同颗粒级配、水泥含量、粉煤灰掺量、砂率、水胶比、龄期、试件尺寸等变化因素同时进行常规抗拉、抗压试验和大三轴剪切试验。

1. *胶凝砂砾石材料强度研究*

（1）研究水胶比对材料抗压、抗拉及三轴剪切强度的影响，在“人为，可改变”的影响因素中，寻求“最优水胶比”。

（2）研究砂率对材料抗压、抗拉及三轴剪切强度的影响，天然河道砂率均不相同，试验选取常见砂率范围，得到不同砂率下材料强度规律。

（3）研究水泥对材料抗压、抗拉及三轴剪切强度的影响，水泥作为胶凝材料，对材料强度起重要作用，通过试验，基本得到不同水泥含量下，材料强度区间范围。

（4）研究粉煤灰对材料抗压、抗拉及三轴剪切强度的影响，粉煤灰作为胶凝砂砾石材料最主要的外加剂，在一定条件下，粉煤灰亦是胶凝材料，通过试验，明确粉煤灰对材料强度提高影响规律，同时寻求粉煤灰的“最优掺量”。

（5）研究龄期对材料抗压、抗拉及三轴剪切强度的影响，材料强度会随着龄期的增加而提高，通过试验，得到材料28d、90d及180d间的强度变化规律，为工程设计提供指导意义。

（6）研究级配及试件尺寸对材料抗压、抗拉及三轴剪切强度的影响，通过试验，得到不同试件尺寸变化对材料试验强度的影响规律。

2. *寻求不同强度之间的关系*

（1）分析研究材料立方体抗压强度与抗拉强度间的对应关系。

（2）分析研究材料立方体抗压强度与圆柱体轴心抗压强度间的对应关系。

（3）分析研究材料立方体抗压强度与抗弯强度间的对应关系。

（4）分析研究材料立方体抗压强度与三轴剪切强度间的对应关系。

3. *物理模型参数的求取*

通过试验，得到材料抗压弹模、抗弯弹模、泊松比、三轴剪切指标等参数，为工程计算分析提供依据。

通过上诉内容的试验研究，得出各影响因素下的胶凝砂砾石材料的强度变化规律，给出不同组合与配比情况下胶凝砂砾石材料的抗拉、抗压、抗剪等强度指标，确定各强度指标的取值范围，建立系统的胶凝砂砾石材料的力学指标体系。

2.2.2 配合比设计

“超贫胶结材料坝研究”项目报告中指出，超贫胶结材料是一种复杂的新型筑坝材料，其影响因素主要有水泥用量、粉煤灰掺量、水灰比、砂率、骨料级配和龄期等。且有以下结论：①水灰比是影响超贫胶结材料配合比设计和技术性能的关键参数之一，超贫胶结材料水灰比最佳值取值范围为0.8～1.2；二级配超贫胶结材料水灰比取1.0，三级配超贫胶结材料水灰比取0.9；②砂率是影响超贫胶结材料配合比设计的另一个关键参数，超贫胶结材料的最优砂率为0.2；③超贫胶结材料使用425号水泥为好，水泥用量不宜大于80kg/m^3，否则就失去其造价低的优势；④超贫胶结材料应掺用粉煤灰，应该使用“超量取代法”进行配合比设计，粉煤灰取代水泥10%、超代系数20%、粉煤灰代砂为30%～50%时，超贫胶结材料强度最大、力学性能较好。

《胶结颗粒料筑坝技术导则》（SL 678—2014）对胶凝砂砾石材料配合比设计也提出了要求：①胶凝材料用量不宜低于80kg/m^3，其中水泥熟料用量不宜低于32kg/m^3，当低于以上值时应进行专门论证；②掺合料应根据水泥品种、水泥强度等级、掺合料品质、胶凝砂砾石设计强度等具体情况通过试验确定；当采用硅酸盐水泥、普通硅酸盐水泥、中热或低热硅酸盐水泥时，粉煤灰和其他掺合料的总掺合量宜为40%～60%；当采用矿渣硅酸盐水泥、火山灰质硅酸盐水泥、粉煤灰硅酸盐水泥、复合硅酸盐水泥时，粉煤灰和其他掺合料的总掺量宜小于30%；③水胶比，应根据设计提出的胶凝砂砾石强度要求及砂砾石的特性确定水胶比，水胶比宜控制在0.7～1.3；④砂率，胶凝砂砾石中砂率宜为18%～35%。不满足要求时，可通过增加胶凝材料用量或通过掺配砂料或石料调整级配。

为了保证试验配合比的合理性，以及试验数据的有效性，在试验前对试验方案进行详尽分析。

本次试验配合比设计严格按项目任务书要求，并结合1995年华北水利水电大学张镜剑、孙明权承担水利部重点科研项目“超贫胶结材料坝研究”（合同编号：SZ9509）以及《胶结颗粒料筑坝技术导则》（SL 678—2014）的相关结论和要求进行。

（1）水泥含量。水泥是影响胶凝砂砾石材料力学性能的主要因素，因此研究不同水泥用量对材料特性的影响是胶凝砂砾石材料研究的焦点之一。根据“超贫胶结材料坝研究”中“水泥用量大于80kg/m^{3}时，超贫胶结材料就失去了超贫的特点”，本次试验结合水利部公益性行业科研专项经费项目“胶凝砂砾石材料力学特性、耐久性及坝型研究”的项目任务书，制定水泥用量分别为70kg/m^3、60kg/m^3、50kg/m^{3}和40kg/m^3。

（2）粉煤灰掺量。粉煤灰是活性混合材料，在胶凝砂砾石材料中掺入一定量的粉煤灰，可以增大胶凝材料总量，改善胶凝砂砾石材料的施工性、提高强度，本次试验结合“超贫胶结材料坝研究”的相关结论，并根据工程常见配比，让胶凝材料总量（水泥和粉煤灰总量）控制在 80kg/m^3、90kg/m^3，变化粉煤灰掺量，研究粉煤灰掺量变化对强度的影响。本次试验所用粉煤灰掺入量分别为 50kg/m^3、40kg/m^3、30kg/m^3 和 20kg/m^3。

（3）水胶比。水胶比是影响胶凝砂砾石材料配合比设计和技术性能的关键参数之一，参照“超贫胶结材料坝研究”的相关结论，水灰比是影响胶凝砂砾石材料抗压强度和抗压弹性模量的主要因素，当水灰比增大时，胶凝砂砾石材料的抗压强度和抗压弹性模量也随之增大并出现峰值，随后水灰比再次增大时，胶凝砂砾石材料的抗压强度和抗压弹性模量反而减小，即有最优水灰比存在。

根据《胶结颗粒料筑坝技术导则》（SL 678—2014）内容以及原有试验结果，胶凝砂砾石材料的最优水灰比取值范围为 0.7～1.3。在实际工程中，以国内目前正在建设工程守口堡为例，使用的水胶比为 1.58，大水胶比对于胶凝砂砾石材料力学性能的影响也应列入研究范围。因此本次试验设定水胶比取值为 0.8、1.0、1.2、1.4 以及部分 1.58 配合比。

（4）砂率。砂率是影响胶凝砂砾石材料性能的另一个主要影响因素，砂率的大小会影响试件的密实性和材料的胶结性，进而影响材料强度；在同等强度情况下，影响着胶结材料的用量，从而影响材料的成本。

胶凝砂砾石材料是一种将胶凝材料和水添加到河床砂砾石材料或开挖废弃料等在坝址附近易获取的岩石基材中，然后利用简易设备和工艺进行拌和后得到的新型筑坝材料。其最大的特点及优势就是“根据当地材料特性，尽量不筛分，不改变级配，不配料”，砂率宜为当地料场原砂率。本书要研究不同砂率变化对强度的影响，为更多的实际工程提供指导意义，故根据《胶结颗粒料筑坝技术导则》（SL 678—2014）内容以及原有试验结果，本次在配合比设计时，砂率分别取 10%、20%、30%和 40%。

（5）粗骨料级配。在本次试验中，粒径为 5～20mm 的石子为小石子，粒径为 20～40mm 的石子为中石子，粒径为 40～80mm 的石子为大石子，粒径为 80～150mm 的石子为特大石子。根据《水工混凝土试验规程》（SL/T 352—2020），石子级配比初选见表 2.6。

表 2.6　石子级配比初选

级配	石子最大粒径/mm	卵石（小：中：大：特大）	碎石（小：中：大：特大）
二	40	40：60：—：—	40：60：—：—
三	80	30：30：40：—	30：30：40：—
四	150	20：20：30：30	25：25：20：30

注　表中比例为质量比。

(6) 表观密度。根据《胶结颗粒料筑坝技术导则》(SL 678—2014) 内容以及原有试验结果，初选取值为 2350kg/m³ (此表观密度，在试验成型后复核，样本最大波动不超过 2%)。

综合考虑水胶比、砂率、水泥用量、粉煤灰掺量、龄期、骨料级配、试件尺寸等因素，制订本次立方体抗压试验配合比见表 2.7～表 2.9。

表 2.7　　二级配试验配合比

总含量 /(kg/m³)	胶凝材料 /(kg/m³)		砂		水胶比		骨料级配 /(kg/m³)		表观密度 /(kg/m³)
	水泥	粉煤灰	砂 /(kg/m³)	砂率	水 /(kg/m³)	水胶比	20～40mm	5～20mm	
80	40	40	219	0.1	80	1.0	1183	788	2350
	40	40	438	0.2	80	1.0	1051	701	2350
	40	40	657	0.3	80	1.0	920	613	2350
	40	40	876	0.4	80	1.0	788	526	2350
	40	40	434.8	0.2	96	1.2	1044	696	2350
	40	40	652.2	0.3	96	1.2	913	609	2350
	40	40	869.6	0.4	96	1.2	783	522	2350
	40	40	431.6	0.2	112	1.4	1036	691	2350
	40	40	647.4	0.3	112	1.4	906	604	2350
	40	40	863.2	0.4	112	1.4	777	518	2350
90	40	50	217	0.1	90	1.0	1172	781	2350
	40	50	434	0.2	90	1.0	1042	694	2350
	40	50	651	0.3	90	1.0	911	608	2350
	40	50	868	0.4	90	1.0	781	521	2350
	40	50	430.4	0.2	108	1.2	1033	689	2350
	40	50	645.6	0.3	108	1.2	904	603	2350
	40	50	860.8	0.4	108	1.2	775	516	2350
	40	50	426.8	0.2	126	1.4	1024	683	2350
	40	50	640.2	0.3	126	1.4	896	598	2350
	40	50	853.6	0.4	126	1.4	768	512	2350
	40	50	885	0.418	142	1.58	740	493	2350

续表

总含量/(kg/m³)	胶凝材料/(kg/m³)		砂		水胶比		骨料级配/(kg/m³)		表观密度/(kg/m³)
	水泥	粉煤灰	砂/(kg/m³)	砂率	水/(kg/m³)	水胶比	20～40mm	5～20mm	
80	50	30	219	0.1	80	1.0	1183	788	2350
	50	30	438	0.2	80	1.0	1051	701	2350
	50	30	657	0.3	80	1.0	920	613	2350
	50	30	876	0.4	80	1.0	788	526	2350
	50	30	434.8	0.2	96	1.2	1044	696	2350
	50	30	652.2	0.3	96	1.2	913	609	2350
	50	30	869.6	0.4	96	1.2	783	522	2350
	50	30	431.6	0.2	112	1.4	1036	691	2350
	50	30	647.4	0.3	112	1.4	906	604	2350
	50	30	863.2	0.4	112	1.4	777	518	2350
90	50	40	217	0.1	90	1.0	1172	781	2350
	50	40	434	0.2	90	1.0	1042	694	2350
	50	40	651	0.3	90	1.0	911	608	2350
	50	40	868	0.4	90	1.0	781	521	2350
	50	40	430.4	0.2	108	1.2	1033	689	2350
	50	40	645.6	0.3	108	1.2	904	603	2350
	50	40	860.8	0.4	108	1.2	775	516	2350
	50	40	426.8	0.2	126	1.4	1024	683	2350
	50	40	640.2	0.3	126	1.4	896	598	2350
	50	40	853.6	0.4	126	1.4	768	512	2350
	50	40	885	0.418	142	1.58	740	493	2350
100	50	50	215	0.1	100	1.0	1161	774	2350
	50	50	430	0.2	100	1.0	1032	688	2350
	50	50	645	0.3	100	1.0	903	602	2350
	50	50	860	0.4	100	1.0	774	516	2350
	50	50	426	0.2	120	1.2	1022	682	2350
	50	50	639	0.3	120	1.2	895	596	2350

续表

总含量/(kg/m³)	胶凝材料/(kg/m³)		砂		水胶比		骨料级配/(kg/m³)		表观密度/(kg/m³)
	水泥	粉煤灰	砂/(kg/m³)	砂率	水/(kg/m³)	水胶比	20~40mm	5~20mm	
100	50	50	852	0.4	120	1.2	767	511	2350
	50	50	422	0.2	140	1.4	1013	675	2350
	50	50	633	0.3	140	1.4	886	591	2350
	50	50	844	0.4	140	1.4	760	506	2350
80	60	20	219	0.1	80	1.0	1183	788	2350
	60	20	438	0.2	80	1.0	1051	701	2350
	60	20	657	0.3	80	1.0	920	613	2350
	60	20	876	0.4	80	1.0	788	526	2350
	60	20	434.8	0.2	96	1.2	1044	696	2350
	60	20	652.2	0.3	96	1.2	913	609	2350
	60	20	869.6	0.4	96	1.2	783	522	2350
	60	20	431.6	0.2	112	1.4	1036	691	2350
	60	20	647.4	0.3	112	1.4	906	604	2350
	60	20	863.2	0.4	112	1.4	777	518	2350
90	60	30	217	0.1	90	1.0	1172	781	2350
	60	30	434	0.2	90	1.0	1042	694	2350
	60	30	651	0.3	90	1.0	911	608	2350
	60	30	868	0.4	90	1.0	781	521	2350
	60	30	430.4	0.2	108	1.2	1033	689	2350
	60	30	645.6	0.3	108	1.2	904	603	2350
	60	30	860.8	0.4	108	1.2	775	516	2350
	60	30	426.8	0.2	126	1.4	1024	683	2350
	60	30	640.2	0.3	126	1.4	896	598	2350
	60	30	853.6	0.4	126	1.4	768	512	2350
	60	30	885	0.418	142	1.58	740	493	2350
100	60	40	215	0.1	100	1.0	1161	774	2350
	60	40	430	0.2	100	1.0	1032	688	2350

续表

总含量/(kg/m³)	胶凝材料/(kg/m³)		砂		水胶比		骨料级配/(kg/m³)		表观密度/(kg/m³)
	水泥	粉煤灰	砂/(kg/m³)	砂率	水/(kg/m³)	水胶比	20～40mm	5～20mm	
100	60	40	645	0.3	100	1.0	903	602	2350
	60	40	860	0.4	100	1.0	774	516	2350
	60	40	426	0.2	120	1.2	1022	682	2350
	60	40	639	0.3	120	1.2	895	596	2350
	60	40	852	0.4	120	1.2	767	511	2350
	60	40	422	0.2	140	1.4	1013	675	2350
	60	40	633	0.3	140	1.4	886	591	2350
	60	40	844	0.4	140	1.4	760	506	2350
90	70	20	217	0.1	90	1.0	1172	781	2350
	70	20	434	0.2	90	1.0	1042	694	2350
	70	20	651	0.3	90	1.0	911	608	2350
	70	20	868	0.4	90	1.0	781	521	2350
	70	20	430	0.2	108	1.2	1033	689	2350
	70	20	646	0.3	108	1.2	904	603	2350
	70	20	861	0.4	108	1.2	775	516	2350
	70	20	427	0.2	126	1.4	1024	683	2350
	70	20	640	0.3	126	1.4	896	598	2350
	70	20	854	0.4	126	1.4	768	512	2350
100	70	30	215	0.1	100	1.0	1161	774	2350
	70	30	430	0.2	100	1.0	1032	688	2350
	70	30	645	0.3	100	1.0	903	602	2350
	70	30	860	0.4	100	1.0	774	516	2350
	70	30	426	0.2	120	1.2	1022	682	2350
	70	30	639	0.3	120	1.2	895	596	2350
	70	30	852	0.4	120	1.2	767	511	2350
	70	30	422	0.2	140	1.4	1013	675	2350
	70	30	633	0.3	140	1.4	886	591	2350
	70	30	844	0.4	140	1.4	760	506	2350
90	30	60	885	0.418	142	1.58	740	493	2350
	90	0	885	0.418	142	1.58	740	493	2350

表 2.8 三级配试验配合比

总含量/(kg/m³)	胶凝材料/(kg/m³)		砂		水胶比		骨料级配/(kg/m³)			骨料比例	表观密度/(kg/m³)
	水泥	粉煤灰	砂/(kg/m³)	砂率	水/(kg/m³)	水胶比	40～80mm	20～40mm	5～20mm		
90	50	40	434	0.2	90	1	694	521	521	4∶3∶3	2350
	50	40	434	0.2	90	1	521	694	521	3∶4∶3	2350
	50	40	434	0.2	90	1	521	521	694	3∶3∶4	2350
	50	40	434	0.2	90	1	868	521	347	5∶3∶2	2350
	50	40	434	0.2	90	1	347	868	521	2∶5∶3	2350
	50	40	434	0.2	90	1	521	347	868	3∶2∶5	2350
	60	30	434	0.2	90	1	694	521	521	4∶3∶3	2350

表 2.9 全级配试验配合比

总含量/(kg/m³)	胶凝材料/(kg/m³)		砂		水胶比		骨料级配/(kg/m³)				骨料比例	表观密度/(kg/m³)
	水泥	粉煤灰	砂/(kg/m³)	砂率	水/(kg/m³)	水胶比	80～150mm	40～80mm	20～40mm	5～20mm		
90	50	40	434	0.2	90	1	434	434	434	434	2.5∶2.5∶2.5∶2.5	2350
	50	40	434	0.2	90	1	521	521	347	347	3∶3∶2∶2	2350
	60	30	434	0.2	90	1	521	521	347	347	3∶3∶2∶2	2350

注 《胶结颗粒料筑坝技术导则》（SL 678—2014）内容以及已有研究结果，初选取值为 2350kg/m³（表观密度在试验成型后复核，样本最大波动不超过 2%）。

2.3 试验标准及试件制备

2.3.1 试验标准

国内学者对胶凝砂砾石材料力学特性试验的研究相对较少，尚未形成一套完整的统一规范。但鉴于胶凝砂砾石材料特性介于碾压混凝土与土石料之间，故本次试验的方法参照《水工混凝土试验规程》（SL/T 352—2020）和《土工试验规程》（SL 237—1999）进行。

2.3.2 试样制备

1. 骨料筛分

（1）为实现全级配骨料筛分，课题组自制了一套骨料筛分系统。试验过程中粒径大于 20mm 的粗骨料筛分采用斜筛法、平筛法和人工振动筛分法三种筛分方法：

1）斜筛法。借鉴普通混凝土施工中粗砂筛分原理进行筛分法，如图 2.5 所示，砂砾料会在自重的作用下迅速地沿着筛网滚落下来，骨料与筛网发生碰撞、摩擦，部分粒径小于相应的筛网孔径砂砾石透过筛网，相应粒径骨料一次通过率不足 40%，大部分砂砾石料未经筛分直接沿着筛网滚落到筛网底端。骨料筛分不能满足级配要求，且循环筛分的任务量大，耗费人力和时间。

图 2.5 斜筛法

2）平筛法。将筛网平放置于支架中间，在支架的横梁两端各焊接两根铁链，便于悬挂筛网。筛网下面的空间可以储存粒径小于筛网孔径的砂砾石，粒径大于筛网孔径的砾石滞留在筛网上，在筛网的一端有出料口，方便卸料。筛分过程中握住筛网一端的把手，平行晃动，相应粒径骨料一次通过率大于 90%。但粒径大于筛网孔径的砾石很容易镶嵌在筛网里，这样就阻挡了上层砂砾石中粒径小于筛网孔径的砾石的筛分。需要人工不停地将镶嵌在筛网里大石子剔除，因此采用此种筛分方案，每次的筛分量很少，耗费时间，如图 2.6 所示。

3）人工振动筛分法。筛网摆放方式依然采用平筛的方式，这种筛分方案的工作原理与大型振筛机的工作原理相同，如图 2.7 所示，为了提高筛分的质量和效率，在筛分过程中辅助人工的上下震动，抬起筛网的一端（设为 A），依据筛网另一端（设为 B 端）及支架的支撑，迅速撤销对 A 端施加的力，筛网上的骨料因为惯性作用与筛网脱离并在自重作用下迅速落到筛网上，骨料粒径小于筛网孔径的被很好地筛分出去，落于筛网下面，这样来回数次直至充分筛分，试验人员再经手动划拨至没有骨料漏下筛网为止，这种筛分方式可以达到质好量大的目的，且筛分效率高。

图 2.6 平筛法

图 2.7 人工振动筛分法

试验过程中对于粒径大于 20mm 的粗骨料筛分，课题组不断探索，最终采用人工振动筛分法。

(2) 对于粒径小于 20mm 的粗骨料的筛分分别采用人工筛分法、振筛机筛分法和振动台筛分法三种方法：

1) 人工筛分法。人工手持筛网进行筛分，这种筛分方式可行，但其缺点也尤为突出：由于试验用量大且砂砾石料中含有泥，在筛分的过程中尘土飞扬；另外，每次的筛分量小，且严重耗费体力。

2) 振筛机筛分法。这种筛分方法缺点是：每次的筛分量小且速度慢；三个不同粒径出料口相距太近，出料易混；粒径小于 5mm 的骨料易随振筛机的震动和坡度的影响在最大粒径出料口排出，如图 2.8 所示。

3) 振动台筛分法。采用振动台筛分法对粒径小于 20mm 的砂砾石料进行筛分，选用不同孔径的筛网，上面加盖，下面用底盘，这样有效避免了粉尘，同时加快了筛分速度，也减轻了体力消耗，如图 2.9 所示。

图 2.8 振筛机筛分法

图 2.9 振动台筛分法

试验过程中对于粒径小于20mm的粗骨料筛分，课题组不断探索，最终采用振动台筛分法。

各粒径区间的骨料经筛分处理后，储存在相应的料仓，便于试验配合取料，如图2.10～图2.13所示。

图2.10 5～20mm粒径

图2.11 20～40mm粒径

图2.12 40～80mm粒径

图2.13 80～150mm粒径

2. 拌和

目前，胶凝砂砾石材料多用于临时工程，其施工拌和大多是经过简易拌和，然后直接进行浇筑，再采用土石坝施工机械，进行碾压施工。大体积施工时很难保证拌和料的均匀性，本次试验研究为了提高拌和的均匀性，使胶凝砂砾石材料的试验方法研究更加规范化，更好地指导于实践，借鉴碾压混凝土的拌和方式，分别采用三种拌和方案：人工拌和、强制式搅拌机拌和和单卧轴混凝土搅拌机拌和。

(1) 人工拌和。首先按选定配合比备料，石子及砂均以全干状态为准。将钢板和铁铲清洗干净，保持湿润状态；将水泥和粉煤灰预先拌至颜色均匀；将称好的砂子、大石和小石依次倒在钢板上，将其拌至均匀，再将拌和好的胶凝材料加入，继续拌和，至少来回翻拌3次，将其堆成锥形；在中间用铁铲扒成凹形，同时用量筒量取适当的水，倒入三分之二在凹槽中（勿使水流出，防止

图2.14 人工拌和

把水泥浆带走），然后仔细翻拌，并缓慢加入剩余的水，继续翻拌。整个拌和过程应控制在10min以内，如图2.14所示。

人工拌和，拌和物的均匀性可控，但拌和效率低，且人力消耗大。

（2）强制式搅拌机拌和。试验采用强制式搅拌机JZW350型，容量为350L。根据《水工碾压混凝土试验规程》（SL 48—94）规定拌和温度控制在20℃±5℃。搅拌前搅拌机、搅拌棒、钢板及铁锹都预先用水润湿。

按照配合比设计进行称量，称料前保证骨料为饱和面干状态，材料用量均以质量计。按顺序将已称好的砂子、水泥、粉煤灰（水泥和粉煤灰预先拌至均匀）、骨料依次加入搅拌仓内，搅拌1min。再将称量好的水倒入搅拌仓内，搅拌2min。该搅拌机拌和时，工作面为水平面，拌和料在平面上被搅动。打开出仓口，将拌和好的胶凝砂砾石材料卸在钢板上，发现在搅拌机的周边角落总会留下一些没有搅拌到的干砂，因为胶凝砂砾石材料中骨料粒径大，在拌和的过程中一部分胶凝材料及砂子包裹住砾石，另一部分细骨料会由于沉积在搅拌铲刮不到的角落里。拌和料颜色很不均匀，将黏结在搅拌机仓内的拌和料刮出堆成堆，还需人工拌和。把拌和料从一边用铲翻拌到另一边，再用铲在混合料上铲切一遍，至少来回翻搅三次，直至拌和料颜色均匀为止。拌和后总会出现包裹了少量砂浆的砾石集中现象，在试件成型时，易导致装料不均匀，这种拌和方案没有达到预期的效果，增加胶凝砂砾石材料的离散型，影响胶凝砂砾石材料的试验结果，如图2.15所示。

（3）单卧轴混凝土搅拌机拌和。试验采用单卧轴混凝土搅拌机SJD-60型，额定搅拌容量为60L，出仓量为35L，主轴转数42转/分。根据《水工碾压混凝土试验规程》（SL 48—94）规定拌和温度控制在20℃±5℃。搅拌前搅拌机及、搅拌棒、钢板及铁锹都预先用水清洗干净，并保持湿润状态。为提高搅拌的均匀度，本次试验中每次装料量为该搅拌机额定搅拌容量的60%左右，按照配合比设计进行称量，称料前保证骨料为饱和面干状态，材料用量均以质量计。按顺序将已称好的砂子、水泥、粉煤灰（水泥和粉煤灰预先拌至均匀）、骨料依次加入搅拌仓内，搅拌1min。再将称量好的水倒入搅拌仓内，搅拌2min。该搅拌机拌和时，工作面为立面，拌和料在空间立面上被搅动，拌和物被搅起，然后再跌落。将拌和料卸在钢板上，可以看到胶凝砂砾石材料更为均匀，搅拌仓中不会残留未搅拌的配料，出仓后的拌和料在颜色上就很均匀，不需人工拌和，减轻工作量，且提高工作效率，如图 2.16 所示。

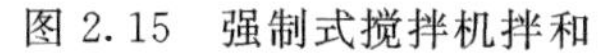
图 2.15 强制式搅拌机拌和

图 2.16 单卧轴混凝土搅拌机拌和

试验过程中对于胶凝砂砾石材料的拌和方式，课题组不断探索，最终采用单卧轴混凝土搅拌机拌和方案。

3. 装料、振捣、成型

考虑胶凝砂砾石坝施工工艺，多采用碾压方式，故本次试验采用碾压混凝土成型方法，即振动台（带磁振动台，能将铁试模固定，使其不来回晃动，以致振幅不均）上压下振成型，其中压重块质量按照混凝土表面压强为 4.9kPa 和试模尺寸计算得出，如图 2.17 所示。

图 2.17 压重块

试验初期在装料时使用了铸铁试模和塑料试模。试验发现：一方面，因为胶凝砂砾石材料中的胶凝材料（水泥、粉煤灰）掺量低，塑料试模在拆模时容易出现脱模困难，试件脱模时破损率高，尤其是在低砂率时，该现象更加显著；另一方面，塑料试模比铸铁试模轻，在同种振动、成型、养护条件下，测得塑料试模的试件比铸铁试模的试件的表观密实度低，测得塑料试模的试件比铸铁试模的试件的抗压强度低 10%左右。考虑到塑料试模的这些影响因素，后期试验中均选用铸铁试模。

铸铁试模在装料时从拌板外缘处的拌和物开始装料，逐步从边缘往中间靠拢，保证装料的均匀性。将搅拌好的胶凝砂砾石料分两层装入已经涂抹过油的试模中，每层料厚度大致相等。在装料时先采用人工振捣的方法，对边长为 150mm 的立方体试模插捣次数不少于 25 次。插捣时从试模四周开始，逐渐往试模中心插捣。在插捣上层拌和物时捣棒应插入下层拌和物 1～2cm，插捣底层拌和物时应插捣到试模底部，插捣时捣棒应保持垂直，每层插捣完后用平刀沿着摸边插一遍，将模内拌和物表面整平，并用捣棒轻敲试模，减小拌和物与试模之间的气泡和水泡。当试件高度是150mm时，一次装料加压振动成型即可，振动时间取2倍VC值，即振动时间为20s，以试件表面泛浆为准；将装填好的试模抬到振动台上，放上压重块，由人手进行扶正，不要人为进行加压或提起，开启振动台，严格控制振动时间，到达振动时间后搬下试件。因胶凝砂砾石材料胶凝材料用量少，试件表面难以抹平，本试验组提议制备相同配合比的水泥砂浆进行填补，然后用抹刀将试件表面抹平。当试件高度是300mm时，分两次将拌和料装入模具内，第一次装入量稍微高于模具的一半，用插捣棒沿着模具内侧最边缘成螺旋形插捣，插捣次数为25～30次，搬至振动台上，将压重块放置在试件上振捣密实，第二次装入量要稍微高出模，相同的方式再次插捣密实后，且插捣棒要插入下层1～2cm，保持拌和料高出试模1～2cm，再搬至振动台放上压重块振捣密实；需要对试件进行两次装料加压振动成型，以试件表面泛浆为准，如图2.18和图2.19所示。

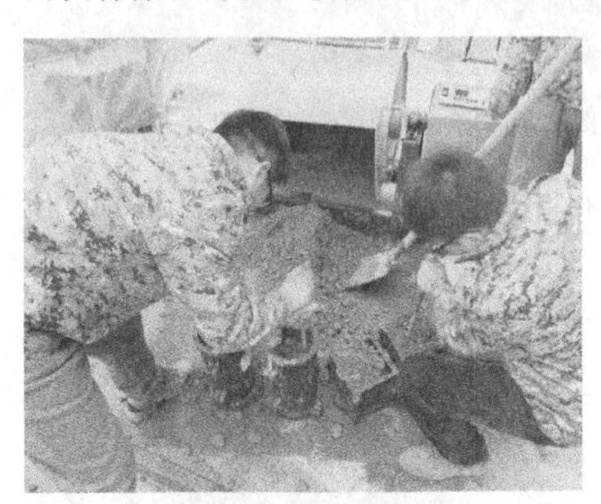

图2.18 人工振捣

图2.19 机械振动

对于三级配及全级配的大试件，试验采用拆入式振动棒振捣成型的方法。首先，拼装好试模并在模内均匀地涂刷一薄层脱模剂或矿物油；其次，将全级配胶凝砂砾石拌和物浇筑在试模内，浇筑层厚不超过30cm为宜。用插入式振捣器振捣，振捣时间以振捣浇筑层表面均匀泛浆为止。当下层振捣完毕后即可装入新的一层全级配胶凝砂砾石拌和物，再用振捣器振捣；振捣时振捣棒要插入下层混凝土中 5～10cm 以保证层间的良好结合。当全级配胶凝砂砾石拌和物浇筑至试件顶面时，可采用平板振捣器振平。试件成型后在胶凝砂砾石材料初凝前 1～2h 需进行抹面，要求与模口齐平，如图 2.20 所示。

胶凝砂砾石材料试件成型后，初步观察可得：试件经人工捣实和机械振动后，试件整体密实，立方体个别试件在边角处或四周面出现空洞，圆柱体个别试件圆周上有一些孔洞，有时均匀分布，有时分散分布，顶部略有一些骨料分离现象。因圆柱体试件测静力抗压弹性模量时需要粘贴应变片，而试件上的孔洞会影响应变片的粘贴，影响试验数据。试验组采取了一种修补方法：在需要粘贴应变片的地方用同水胶比的水泥砂浆进行修补，修补后用平刀抹平，保证试件表面平整，如图 2.21 所示。

图 2.20　表面抹平

图 2.21　大试件成型

4. 养护

对于二级配、三级配采用标准养护的试件，成型后的带模试件用湿布或塑料薄膜覆盖以防止水分蒸发并在20℃±5℃的室内静置48h［《水工混凝土试验规程》（SL/T 352—2020）规定时间为24～48h］，然后拆模并编号。对于全级配采用标准养护的试件，成型后的带模试件用湿布或塑料薄膜覆盖以防止水分蒸发并在20℃±5℃的室内静置7d［《水工混凝土试验规程》（SL/T 352—2020）规定时间为2～7d］，然后拆模并编号。拆模后的试件应立即放入标准养护室（温度控制在20℃±5℃，相对湿度95%以上）中养护，直至规定的试验龄期。在标准养护室内试件应放在架上彼此间隔1～2cm，并应避免用水直接冲淋试件，如图2.22所示。

图2.22　试件养护

2.4　立方体抗压强度试验研究

2.4.1　试验步骤

胶凝砂砾石材料立方体抗压试验试件，按照试验规范要求，一组成型3个试件，拆模后，在标准条件（标准养护室的温度应控制在20℃±5℃，相对湿度在95%以上）下养护到规定龄期。

立方体试件具体试验步骤如下：

（1）到达试验龄期时，从养护室取出试件，用湿布覆盖，并尽快试验。测量试件尺寸，精确至1mm。当试件有严重缺陷时应废弃。

（2）将试件放在试验机上下压板中间，上下压板与试件之间应放有钢质垫板。试件的承压面应与成型时的顶面相垂直。开动试验机，当垫板与压板相接触时，如有明显偏斜，应调整球座使试件受压均匀。

（3）试验机以设定好的速度连续而均匀地加荷（不得冲击），直至试件破坏并记录破坏荷载。试验如图2.23～图2.25所示。

2.4.2　试验结果

胶凝砂砾石材料立方体抗压强度计算为

$$f_{cc}=\frac{P}{A} \tag{2.2}$$

式中　f_{cc}——立方体抗压强度，MPa；

P——破坏荷载，N；

A——试件承压面积，mm^2。

图 2.23　150mm×150mm×150mm 立方体抗压强度试验

图 2.24　300mm×300mm×300mm 立方体抗压强度试验

图 2.25　450mm×450mm×450mm 立方体抗压强度试验

强度计算结果保留小数位应满足规范要求。每组配合比3个试件，取3个试件的平均值作为每组配合比下抗压强度的试验结果。依据《水工混凝土试验规程》(SL/T 352—2020)，当3个数据中任何一个单测值与平均值之差在±15%以内，取平均值；当3个数据中任何一个单测值与平均值之差超过±15%，将该测值剔除，取余下两个试件值的平均值作为试验结果；如一组试验中可用测值少于2个时，该组试验应重做。根据式(2.2)计算整理后的试验结果见表2.10～表2.15。

表2.10　150mm×150mm×150mm立方体28d抗压试验结果

水泥/(kg/m³)	Ⅱ级粉煤灰/(kg/m³)	水胶比	砂率	强度/MPa
40	40	1.0	0.1	4.86
			0.2	5.58
			0.3	4.96
			0.4	3.56
		1.2	0.2	5.35
			0.3	4.49
			0.4	3.39
		1.4	0.2	4.91
			0.3	3.41
			0.4	3.16
	50	1.0	0.1	5.21
			0.2	5.87
			0.3	5.02
			0.4	3.66
		1.2	0.2	5.54
			0.3	4.76
			0.4	3.55
		1.4	0.2	5.07
			0.3	3.95
			0.4	3.21
50	30	1.0	0.1	5.35
			0.2	5.55
			0.3	4.10
			0.4	3.67

续表

水泥/(kg/m³)	Ⅱ级粉煤灰/(kg/m³)	水胶比	砂率	强度/MPa
50	30	1.2	0.2	7.23
			0.3	5.26
			0.4	4.47
		1.4	0.2	6.58
			0.3	4.93
			0.4	3.88
	40	1.0	0.1	6.12
			0.2	7.44
			0.3	6.03
			0.4	4.12
		1.2	0.2	6.28
			0.3	6.40
			0.4	3.45
		1.4	0.2	5.70
			0.3	5.17
			0.4	4.44
	50	1.0	0.1	7.64
			0.2	8.21
			0.3	6.45
			0.4	4.26
		1.2	0.2	6.60
			0.3	7.26
			0.4	4.58
		1.4	0.2	7.20
			0.3	5.42
			0.4	4.69
60	20	1.0	0.1	7.26
			0.2	7.92
			0.3	6.54
			0.4	4.82
		1.2	0.2	7.56
			0.3	6.22
			0.4	4.63

续表

水　泥 /(kg/m³)	Ⅱ级粉煤灰 /(kg/m³)	水胶比	砂　率	强　度 /MPa
60	20	1.4	0.2	6.17
			0.3	5.06
			0.4	4.61
	30	1.0	0.1	7.53
			0.2	7.95
			0.3	6.58
			0.4	5.51
		1.2	0.2	7.23
			0.3	6.27
			0.4	5.34
		1.4	0.2	7.16
			0.3	5.67
			0.4	5.01
	40	1.0	0.1	5.79
			0.2	8.02
			0.3	6.64
			0.4	5.61
		1.2	0.2	7.64
			0.3	6.48
			0.4	5.55
		1.4	0.2	7.27
			0.3	5.76
			0.4	5.16
70	20	1.0	0.1	8.63
			0.2	9.42
			0.3	8.86
			0.4	7.01
		1.2	0.2	8.26
			0.3	7.53
			0.4	6.23

续表

水　泥/(kg/m³)	Ⅱ级粉煤灰/(kg/m³)	水胶比	砂　率	强　度/MPa
70	20	1.4	0.2	7.48
			0.3	7.37
			0.4	5.86
	30	1.0	0.1	9.85
			0.2	10.38
			0.3	9.97
			0.4	8.32
		1.2	0.2	8.31
			0.3	7.64
			0.4	7.27
		1.4	0.2	8.16
			0.3	7.54
			0.4	5.92

表 2.11　150mm×150mm×150mm 立方体 90d 抗压试验结果

水　泥/(kg/m³)	粉煤灰/(kg/m³)	水胶比	砂　率	强　度/MPa
40	50	1.0	0.2	7.14
50	20	1.0	0.2	4.98
	30	0.8	0.2	4.59
		1.0	0.1	6.01
			0.2	7.66
			0.4	5.79
		1.2	0.2	7.83
		1.4		7.28
	40	0.8	0.2	7.38
		1.0	0.1	6.73
			0.2	8.82
			0.4	6.01
		1.2	0.2	8.68
		1.4		8.24

续表

水　泥/(kg/m³)	粉煤灰/(kg/m³)	水胶比	砂　率	强　度/MPa
50	50	0.8	0.2	9.41
		1.0	0.1	8.39
			0.2	9.11
			0.4	6.35
		1.2	0.2	8.31
		1.4		7.54
	60	1.0	0.2	8.53
	80			7.93
	100			7.24
60	0	1.0	0.2	4.56
	20			8.53
	30			9.68
	40			10.99
	50			12.05
	60			12.83
	80			10.34
	100			8.37

表2.12　150mm×150mm×150mm立方体180d抗压试验结果

水　泥/(kg/m³)	粉煤灰/(kg/m³)	水胶比	砂　率	强　度/MPa
60	30	1.0	0.2	11.14
50	40			10.26
40	50			8.32
60	0			4.58

表2.13　300mm×300mm×300mm立方体抗压试验结果

水　泥/(kg/m³)	粉煤灰/(kg/m³)	水胶比	砂　率	骨料级配（粗→细）	强　度/MPa
50	40	1	0.2	4∶3∶3	5.34
				3∶4∶3	5.44
				3∶3∶4	5.60
				5∶3∶2	3.22

续表

水　泥/(kg/m³)	粉煤灰/(kg/m³)	水胶比	砂　率	骨料级配(粗→细)	强　度/MPa
50	40	1	0.2	2∶5∶3	4.64
				3∶2∶5	5.71
60	30	1	0.2	4∶3∶3	6.33

表 2.14　　450mm×450mm×450mm 立方体抗压试验结果

水　泥/(kg/m³)	粉煤灰/(kg/m³)	水胶比	砂　率	骨料级配(粗→细)	强　度/MPa
50	40	1	0.2	2.5∶2.5∶2.5∶2.5	4.58
				3∶3∶2∶2	4.62
60	30	1	0.2	3∶3∶2∶2	5.36

表 2.15　　高水胶比抗压试验结果

水　泥/(kg/m³)	粉煤灰/(kg/m³)	水胶比	砂　率	28d 强度/MPa	90d 强度/MPa	180d 强度/MPa
30	60	1.58	0.418	3.21	4.62	6.91
40	50			3.27	4.91	
50	40			5.05	6.12	
60	30			4.99	6.25	
90	0			8.13	9.00	

2.4.3　试件破坏形式

试件破坏形式如图 2.26 和图 2.27 所示。

图 2.26　150mm×150mm×150mm 立方体试件破坏形式

图 2.27 450mm×450mm×450mm 立方体试件破坏形式

从试件破坏形式上可以看出，胶凝砂砾石材料立方体试件受压破坏形态大致呈现为上下顶面相连的破坏。当试件加载后，随着荷载的不断增大，试件在加载的方向产生压应力导致纵向变形，同时在横向方向产生膨胀应力导致横向变形。由于试件的上下表面与试验机的上下压板之间摩擦力的存在，使试件的横向膨胀受到约束而不能自由地扩张。越靠近试件的端部，这种约束作用就越明显，而在试件的中部摩擦力的作用较小，可以横向膨胀。继续加荷，试件中部首先产生纵向的裂缝，随之出现斜向的裂缝。当试件破坏时，剥落中部膨胀的材料，得到最终的破坏形态。胶凝砂砾石材料抗压破坏主要是胶结面的破碎，而粗骨料本身并未发生任何形式的破损。这也说明了，在使用胶凝砂砾石材料筑坝时，对骨料本身的强度要求不高，河床砂砾石，爆破的碎石，风化的岩石等均可作为胶凝砂砾石材料的粗骨料，为胶凝砂砾石材料坝广泛应用，提供了可能[118-119]。

2.4.4 试验结果分析

以砂率为横轴，材料 28d 抗压强度与影响因素关系如图 2.28 所示。

(1) 由图 2.28 可知，同等条件下，水胶比对胶凝砂砾石材料的 28d 抗压强度影响作用显著，同等条件下，随着水胶比的增大，材料强度呈显著下降趋势。且大量试验数据说明，在工程常用配合比范围中，各种配合比下，存在“最优水胶比”，且“最优水胶比”和砂率紧密相关。工程常见砂率为 0.1～0.4 时，对应“最优水胶比”为 1.0～1.4。砂率高时，对应“最优水胶比”取上限，反之取下限。

《碾压混凝土坝设计规范》（SL 314—2018）规定，碾压混凝土的水胶比为 0.43～0.70，由于碾压混凝土的强度与水胶比成反比，且过高的水胶比对碾压混凝土的耐久性也不利，因此，规定水胶比宜小于 0.70，但碾压混凝土总胶凝材料用量 C+F 通常大于 130kg/m^3，因此规定碾压混凝土总胶凝材料用量不宜低于 130kg/m³。其胶凝材料总量明显高于胶凝砂砾石材料，两种材料工程常用的配合比中，每立方米材料中的总用水量都为 80～100kg/m³。

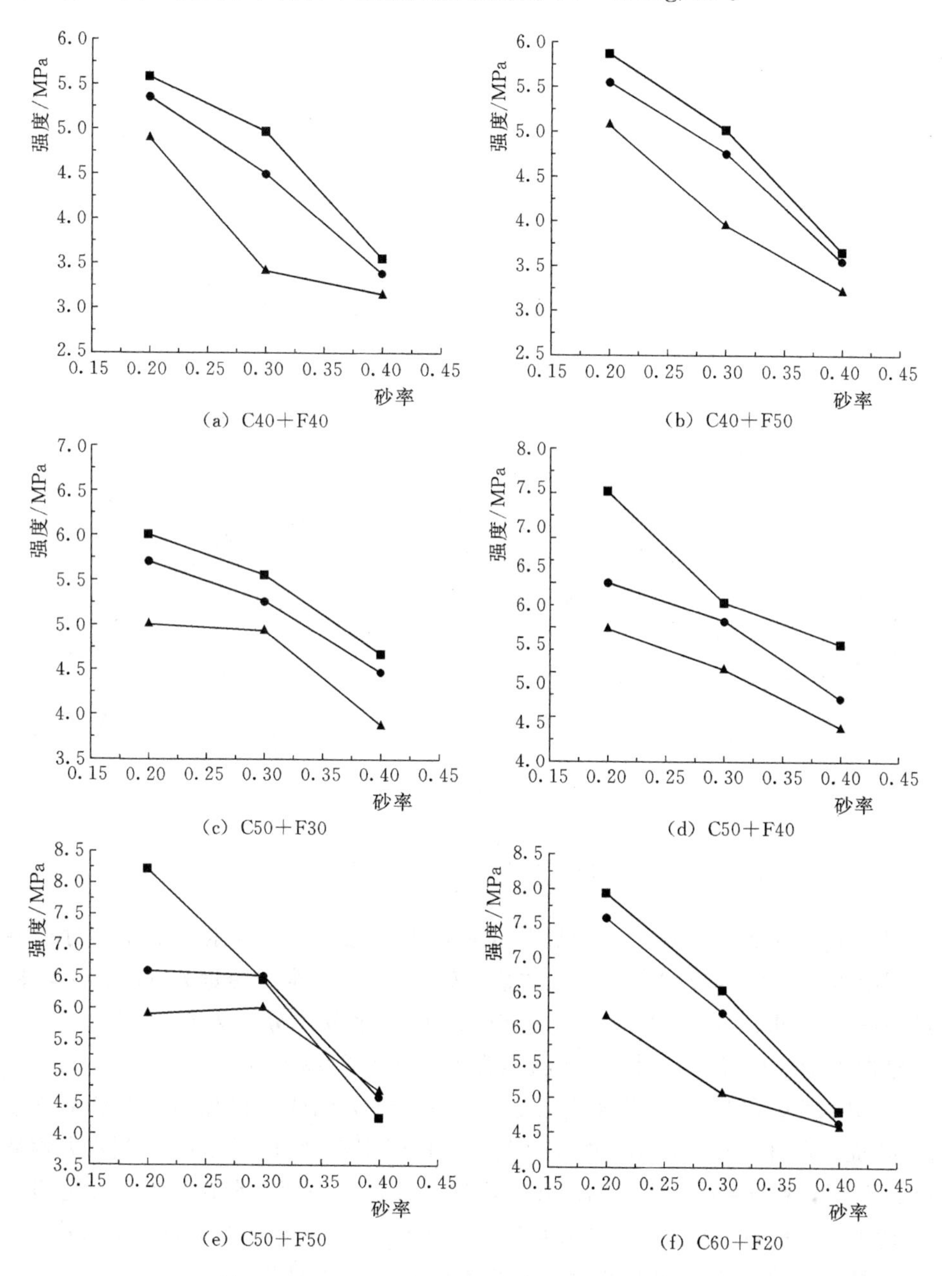

图 2.28（一）　材料 28d 抗压强度与影响因素关系

—■— 水胶比 1.0；—●— 水胶比 1.2；—▲— 水胶比 1.4

注：C 代表水泥用量；F 代表粉煤灰掺量。

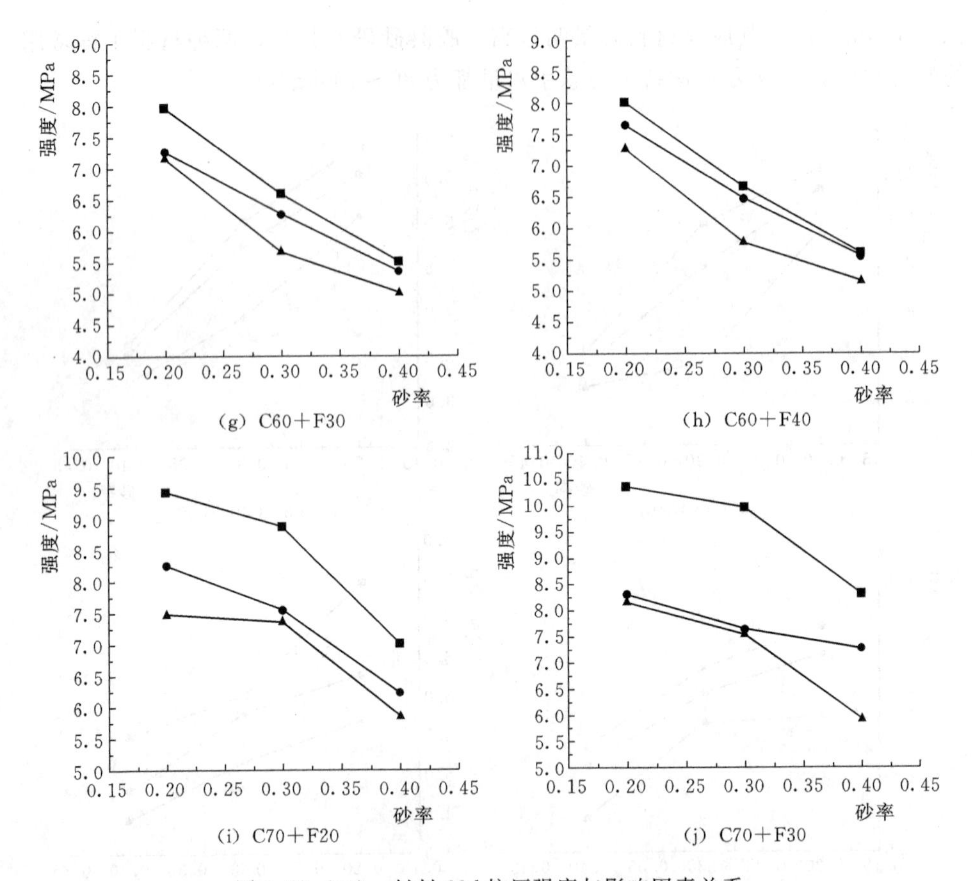

(g) C60＋F30　(h) C60＋F40

(i) C70＋F20　(j) C70＋F30

图 2.28（二）　材料 28d 抗压强度与影响因素关系

—■— 水胶比 1.0；—●— 水胶比 1.2；—▲— 水胶比 1.4

注：C 代表水泥用量；F 代表粉煤灰掺量。

为了进一步说明“最优水胶比”问题，再考虑长龄期因素，水胶比对材料后期强度的影响，课题组设计了在“最优砂率”0.2、水泥用量为 50kg/m^3，粉煤灰掺量为 30kg/m^3、40kg/m^3、50kg/m^3 时，水胶比分别为 0.8、1.0、1.2、1.4 情况下配合比设计，测得 90d 抗压强度，如图 2.29 所示。

由图 2.29 可以看出，当水泥含量为 50kg/m^3，粉煤灰掺量为 30kg/m^3，材料 90d 抗压强度在水胶比 1.2 时达到最大，此时用水量为 96kg/m^3；当水泥含量为 50kg/m^3，粉煤灰掺量为 40kg/m^3，材料 90d 抗压强度在水胶比 1.0 时达到最大，此时用水量为 90kg/m^3；当水泥含量为 50kg/m^3，粉煤灰掺量为 50kg/m^3，材料 90d 抗压强度在水胶比 0.8 时达到最大，此时用水量为 80kg/m^3。材料的后期强度，随着粉煤灰掺量的增加，其最优水胶比逐渐降低，但幅度不大，最优水胶比为 1.0～1.2，每立方米材料中的总用水量依旧都为 80～100kg/m^3。

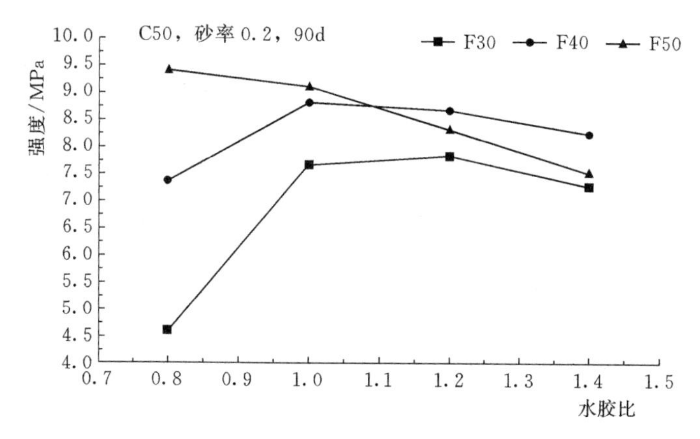

图 2.29　水胶比材料 90d 抗压强度影响关系

注：C 代表水泥用量；F 代表粉煤灰掺量。

通过以上分析胶凝砂砾石材料，用水量表述“最优水胶比”能更合适，胶凝材料为 80～100kg/m^3 时，其“最优含水量”为 80～100kg/m^3，但二者关系成反比关系，即胶凝材料用量多时，含水量取小值；反之，胶凝材料用量少时，含水量取大值。这与一般碾压混凝土规律基本一致。

胶凝砂砾石材料施工中，骨料尽量不筛分，砂率尽量不调整，在同样胶凝材料用量的情况下，只有通过寻求最合适的用水量来提高材料强度。“最优掺水量”的发现，为胶凝砂砾石材料工程应用提供了指导。

(2) 由图 2.29 可知，同等条件下，随着砂率的增加，胶凝砂砾石材料的抗压强度逐渐降低。分析原因在于：胶凝砂砾石材料不同于其他混凝土材料，主要是通过胶凝材料、砂子和水简单拌合为胶结物包裹骨料从而形成一定强度，伴随着砂率的增大，在胶材用量一定的情况下，包裹骨料表面的胶材浆量就相对较少，这使得骨料之间的胶结力相对下降，拌合物的工作性也较差；其次由于胶凝砂砾石材料石子骨料粒径的不同，试件内部会形成孔洞，随着砂率的增大，这部分孔洞逐渐被砂填充，但由于沙粒之间的胶结力较小，承载能力差，不稳定，在受到外部荷载作用的情况下容易形成破坏面，快速破坏，导致材料强度的降低。

试验后期针对胶凝砂砾石材料是否存在最优砂率的问题，相应补充了砂率 0.1 的试验，如图 2.30 所示。

由图 2.30 可以看出，砂率从 0.1 到 0.4 变化时，胶凝砂砾石材料的抗压强度呈现明显先上升后下降趋势，图 2.30 (a)、(b)、(c)、(d) 均在砂率 0.2 时出现“拐点”现象，即胶凝砂砾石材料配合比设计存在“最优砂率”，砂率为 0.2 时，胶凝砂砾石材料抗压强度最大。

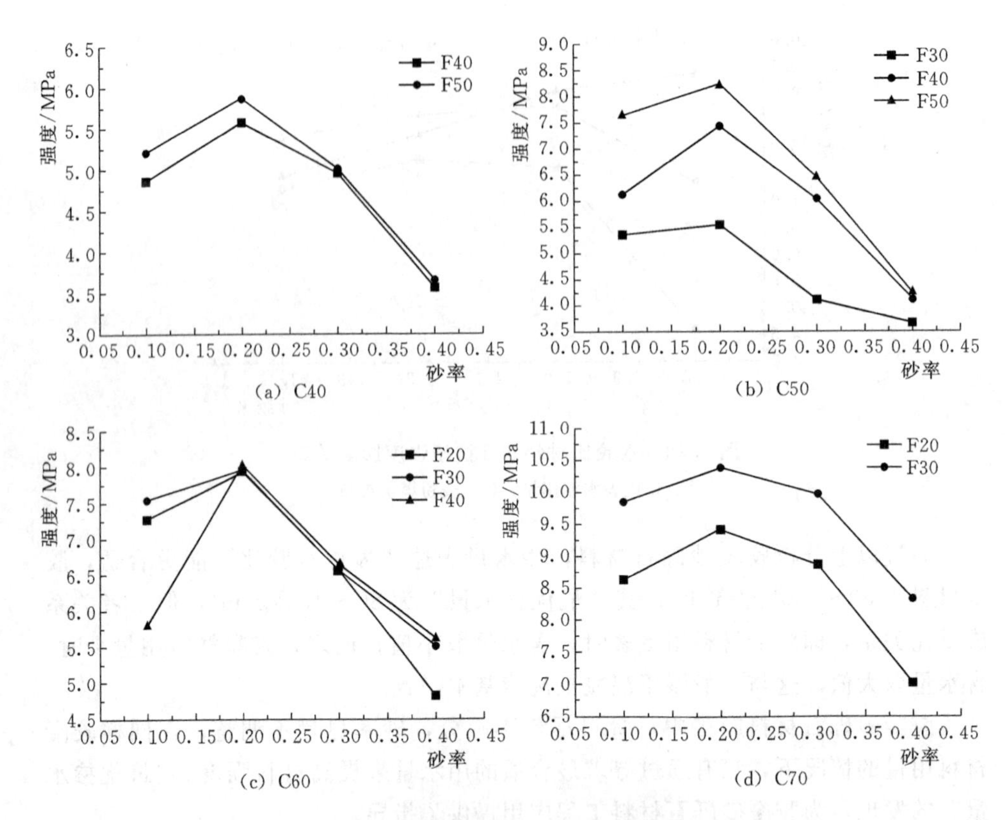

图 2.30 砂率与抗压强度影响关系

注：C代表水泥用量；F代表粉煤灰掺量。

胶凝砂砾石材料最大的优势就是：材料因地制宜，就地取材，尽量做到对粗骨料、细骨料不筛分，保证其原级配。水利工程遍布祖国大江南北，各地方料场的砂率也不尽相同，当砂率特别低或特别高的时候，可以对砂率进行人为调整，使其尽量最优。

(3) 由图 2.28 可知，同等条件下，每立方米胶凝砂砾石材料中，水泥用量每增加 10kg，材料抗压强度可提高 15%～20%。且当胶凝材料（水泥＋粉煤灰）总量小于 100kg/m^3，水胶比、砂率最优情况下，水泥用量在 40kg/m^3 时，胶凝砂砾石材料抗压强度可达 3～5MPa；水泥用量在 50kg/m^3 时，胶凝砂砾石材料抗压强度可达 5～6MPa；水泥用量在 60kg/m^3 时，胶凝砂砾石材料抗压强度可达 6～8MPa；水泥用量在 70kg/m^3 时，胶凝砂砾石材料抗压强度可达 8～10MPa。

结合前期研究成果，试验用 425 号水泥和 525 号水泥，取 10kg/m^3、20kg/m^3、30kg/m^3、40kg/m^3、50kg/m^3、60kg/m^3、70kg/m^3、80kg/m^3 和 100kg/m^3 共

9个水泥用量，研究水泥用量对材料强度影响。试验时调整水灰比的大小，使试件能够成型为原则，如图2.31所示。

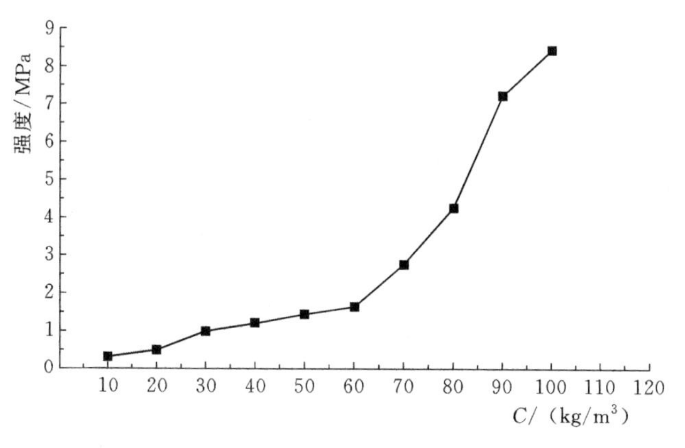

图2.31　水泥用量与抗压强度影响关系

注：C代表水泥用量。

由图2.31可以看出，胶凝砂砾石材料的抗压强度随着水泥用量的增加而增大。水泥用量在50kg/m³以下时，水泥用量变化对材料强度的影响不明显；当水泥用量大于50kg/m³时，随水泥用量的增加，材料强度增长显著。水泥作为胶凝砂砾石材料的胶凝材料，起到主要的胶结作用，水泥含量的增加对胶凝砂砾石材料抗压强度的增强作用显著，水泥用量是影响胶凝砂砾石材料强度的最主要因素之一。

（4）由图2.28可知，同等条件下，每立方米胶凝砂砾石材料中，粉煤灰掺量每增加10kg，材料28d抗压强度均有所增加，增加幅度为1%～10%时，离散型大，不能清楚反应粉煤灰用量增加对材料抗压强度提升效果；胶凝砂砾石材料筑坝时，均会掺入粉煤灰，但对粉煤灰是否存在最优掺量，掺多少时最经济，并未提及。为了解决这些疑问，又补做了在水胶比为1.0、砂率为0.2，水泥用量为50kg/m³、60kg/m³时，分别对应粉煤灰掺量为20kg/m³、30kg/m³、40kg/m³、50kg/m³、60kg/m³、80kg/m³和100kg/m³情况下配合比设计，90d龄期试件。试验结果如图2.32所示。

由图2.32可以看出，在同样水泥用量、同样水胶比、同样砂率前提下，随着粉煤灰掺量的增加，材料90d立方体抗压强度有一个先上升后下降的走势，说明在该材料中，粉煤灰存在最优掺量问题。进一步分析，当水泥用量为50kg/m³时，粉煤灰掺量为50kg/m³时出现峰值；当水泥用量为60kg/m³时，粉煤灰掺量为60kg/m³时出现峰值。可见粉煤灰掺量为胶凝材料总量（水泥+粉煤灰）的50%时，为“最优掺量”。

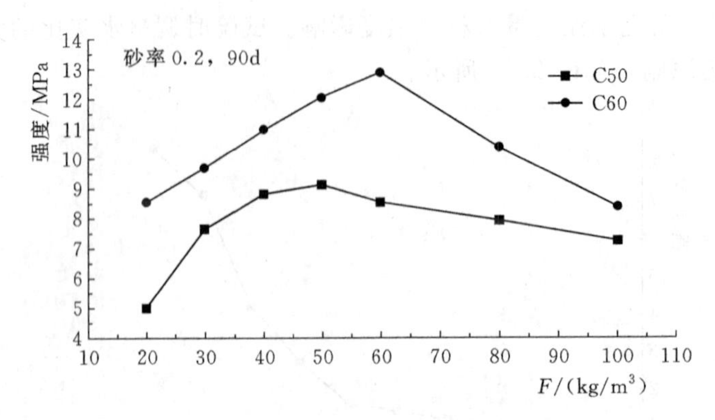

图 2.32 粉煤灰掺量与抗压强度影响关系

注：C 代表水泥用量；F 代表粉煤灰掺量。

(5) 研究强度与试件尺寸效应，做了大试件试验，结果如图 2.33 所示。

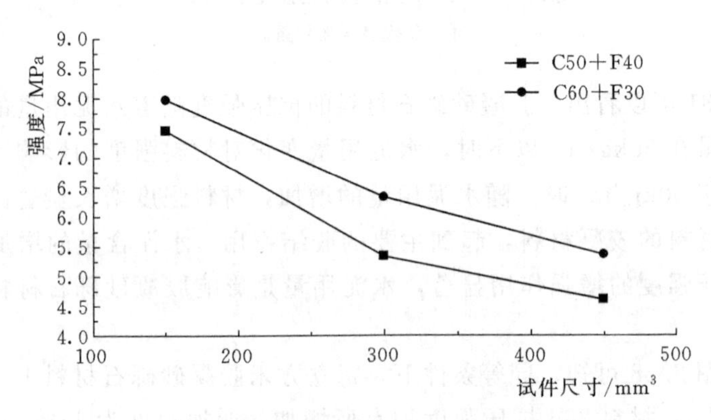

图 2.33 试件尺寸与抗压强度影响关系

注：C 代表水泥用量；F 代表粉煤灰掺量。

由图 2.33 可以看出，相同配合比条件下材料试验强度随着胶凝砂砾石材料骨料级配及试件尺寸的增大而变大呈降低趋势。三级配 300mm×300mm×300mm 立方体抗压强度是二级配 150mm×150mm×150mm 抗压强度的 75%左右；全级配 450mm×450mm×450mm 立方体抗压强度是二级配 150mm×150mm×150mm 抗压强度的 65%左右。此对应关系的发现，可为现场试验提供参考。

2.4.5 BP 神经网络强度预测

BP (back propagation) 神经网络是 1986 年由 Rumelhart 和 McClelland 为首的科学家提出的概念，是一种按照误差逆向传播算法训练的多层前馈神经网络，是应用最广泛的神经网络。BP 神经网络无须事先确定输入输出之间映射关系的数学方程，仅通过自身的训练，学习某种规则，在给定输入值时得到最接近期望输出值的结果。它的基本思想是梯度下降法，利用梯度搜索技术，以期使网络的实际输出值和期望输出值的误差均方差为最小。近年来，我国科研人员也开展了将 BP 神经网络应用于预测各类型混凝土性能方面的研究。陈守开等应用 BP 神经网络建立了基于渗透性能和强度性能的再生骨料透水混凝土性能预测模型，预测值平均相对误差均在 10%以内；李扬等采用 BP 神经网络模型对复合盐蚀-干湿交替作用下混凝土相对动弹性模量的损失率进行了定量预测，平均误差百分比为 2.08%。可见 BP 神经网络精度较高，通用性强[120-125]。

首先，构建的胶凝砂砾石材料 28d 抗压强度数据集，取前文 100 组二级配配合比数据 100 组，有效试验数据 300 个，最大值为 10.38MPa，最小值为 3.16MPa，主要集中在 3～10MPa，约占总样本数的 98%，如图 2.34 所示。

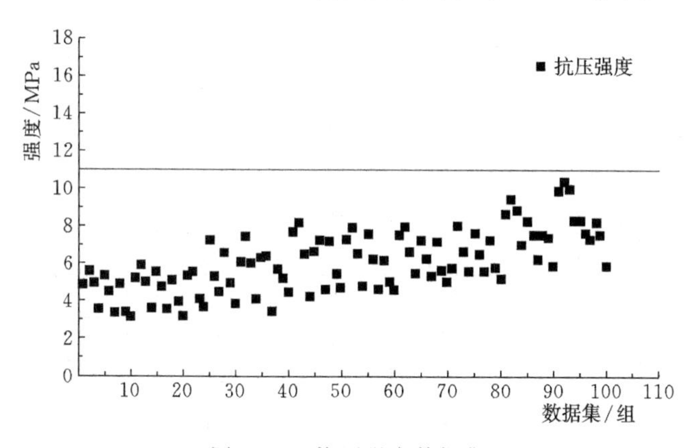

图 2.34 抗压强度数据集

其次，对数据库数据非参数检验，满足正态分布，检验结果见表 2.16，正态分布图如图 2.35 所示。

表 2.16 非参数检验

序列	零假设	检验	显著性	决策者
1	数据分布为正态分布，平均值为 6.08，标准偏差为 1.564	单样本 Kolmogorov - Smirnov 检验	0.98	保留零假设

最后，将 300 个抗压强度对应的配合比，均列入 BP 神经网络样本信息表中，见表 2.17。将水泥用量、粉煤灰掺量、用水量、砂、砂砾料、砂率、水胶比等因素作为输入层，28d 抗压强度作为预测输出层，建立 CSG 抗压强度预测模型。BP 网络模型的拓扑结构如图 2.36 所示。训练组占总体样本数的 75%，验证组和预测组为总体样本的 25%。通过程序随机抽样分配数据，保证数据预测具有代表性。

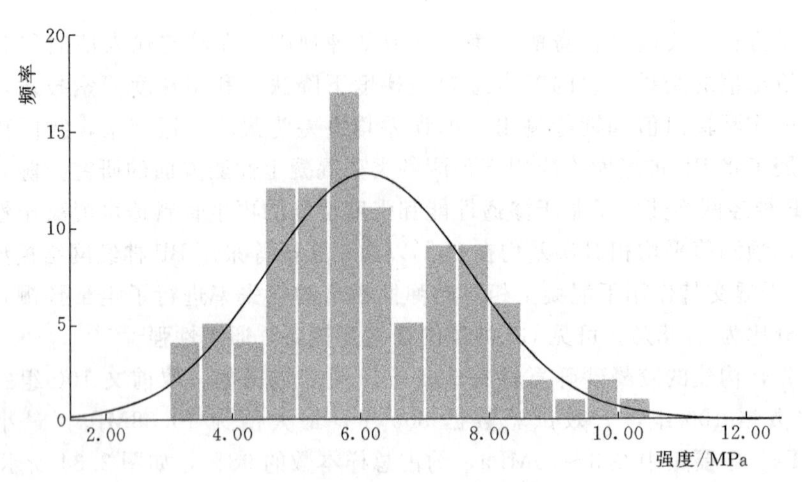

图 2.35　抗压强度正态分布图

表 2.17　　　　BP 神经网络样本数据

序号	水泥用量/(kg/m³)	粉煤灰掺量/(kg/m³)	用水量/(kg/m³)	砂/(kg/m³)	砂砾料/(kg/m³)	砂率	水胶比	28d 抗压强度/MPa
1	40	40	80	219	1971	0.1	1.0	4.86
2	40	40	80	438	1752	0.2	1.0	5.58
3	40	40	80	657	1533	0.3	1.0	4.96
4	40	40	80	876	1314	0.4	1.0	3.56
…	…		…		…		…	…
13	40	40	96	438.4	1740	0.2	1.2	5.35
14	40	40	112	863.2	1295	0.4	14	3.16
…	…		…		…		…	…
20	40	50	90	217	1953	0.1	1.0	5.21
21	40	50	90	434	1736	0.2	1.0	5.87
…	…		…		…		…	…
88	50	40	90	434	1736	0.2	1.0	7.44
…	…		…		…		…	…
113	50	50	140	844	1266	0.4	1.4	4.69
…	…		…		…		…	…
180	60	30	108	645.5	1507	0.3	1.2	6.27
…	…		…		…		…	…
260	70	20	90	217	1953	0.1	1.0	8.63
…	…		…		…		…	…
300	70	30	140	844	1266	0.4	1.4	5.92

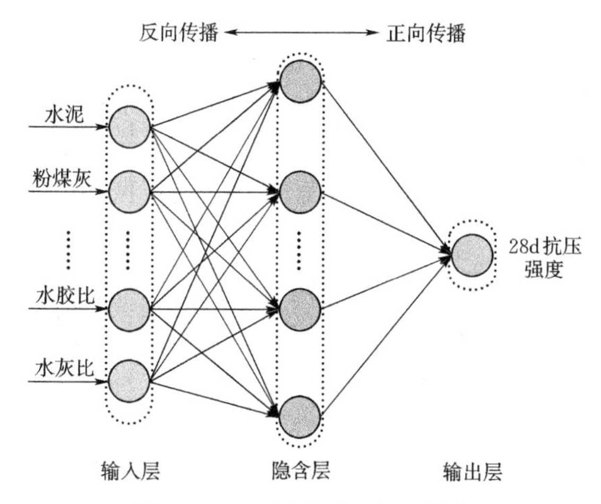

图 2.36 BP 网络模型拓扑结构

隐含层传输函数采用 tansig 函数，purelin 函数作为输出层函数，训练函数采用 BP 算法中的 trainlm 函数，实现网络模型的训练。由于各个参数的单位以及范围存在较大差别，会影响网络的初始化效果，也会导致网络难以收敛，因此需要对数据进行归一化处理，使网络能以较快的速度收敛并得到较为精确的结果。

$$y=\frac{x-x_{\min}}{x_{\max}-x_{\min}} \tag{2.3}$$

式中 y——归一化后的数值；

$x_{\max}$、$x_{\min}$——所在数据列的最大值和最小值；

x——原始数据。

预测结果如图 2.37 所示。

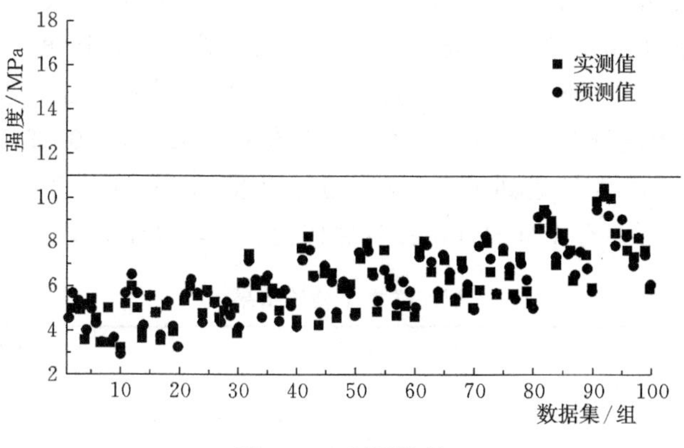

图 2.37 预测结果

从图2.37中取30组数据分析，数据见表2.18。

表2.18　抗压强度预测分析

序号	实测值/MPa	预测值/MPa	绝对误差/MPa	相对误差/%	序号	实测值/MPa	预测值/MPa	绝对误差/MPa	相对误差/%
1	5.58	5.63	0.049	0.88	16	7.53	7.31	0.221	2.94
2	4.49	4.30	0.189	4.22	17	7.95	7.89	0.061	0.77
3	3.39	3.48	0.090	2.67	18	5.61	5.64	0.030	0.54
4	4.91	4.85	0.060	1.22	19	7.64	7.71	0.067	0.88
5	5.54	5.54	0.002	0.03	20	7.53	7.45	0.076	1.01
6	4.76	4.73	0.026	0.54	21	6.23	6.46	0.231	3.71
7	3.55	3.71	0.161	4.55	22	7.48	7.50	0.022	0.30
8	5.07	5.25	0.184	3.62	23	8.16	8.16	0.004	0.05
9	3.95	4.13	0.179	4.53	24	7.54	7.37	0.175	2.32
10	3.21	3.22	0.013	0.41	25	5.92	6.06	0.138	2.33
11	6.12	6.10	0.015	0.25	26	9.85	9.45	0.397	4.03
12	7.44	7.06	0.375	5.04	27	10.38	10.00	0.379	3.66
13	6.03	6.18	0.149	2.47	28	5.55	5.45	0.099	1.79
14	4.58	4.79	0.210	4.58	29	7.27	6.99	0.277	3.81
15	5.91	6.17	0.264	4.46	30	6.01	6.29	0.283	4.71

由表2.18可知，胶凝砂砾石材料28d抗压强度实测值和预测值的绝对误差范围为0.002～0.397MPa，相对误差范围为0.03%～5.04%，70%以上的数据，实测值和预测值误差在4%以内。实测值与预测值之间吻合度较高，总体上预测效果较为良好。

为进一步说明实测值与预测值之间是否有显著差异，本次研究采用比较平均值的配对样本T检验方法来进行分析。本次检验的置信区间百分比为95%，假设“实测值”与“预测值”的平均值相等，检验统计量t在显著水平0.05和自由度为29时拒绝域为$|t|>2.093$，本次的结果为$t=0.297$，其绝对值明显小于2.093，且相关性达到了0.996。另外P值0.769远大于0.05，所以在显著水平$a=0.05$下，有充分的理由接受原假设，其具体结果见表2.19。

表2.19　配对样本T检验结果

项目	实测值	预测值
个案数	30	30
平均值	6.17	6.16

续表

项目	实测值	预测值
标准差	1.77	1.66
自由度	29	
相关性	0.996	
t	0.297	
Sig（双尾）	0.769	

2.5 力学强度相关关系研究

为了建立以立方体抗压强度为基础的胶凝砂砾石材料的强度指标体系，明晰胶凝砂砾石材料立方体抗压强度与轴心抗压强度、劈裂抗拉强度、弯曲强度及三轴剪切指标间的对应关系，在同一配合比下，浇筑立方体抗压试验的同时，制备了轴心抗压、劈裂抗拉、弯曲强度及三轴剪切试验试件，相关关系及值对应见表 2.20 和表 2.21。

表 2.20 力学强度相关关系

配合比（水泥-粉煤灰-水胶比-砂率）	劈裂抗拉强度/立方体抗压强度/%	圆柱体轴心抗压强度/立方体抗压强度/%	弯曲强度/立方体抗压强度/%
C40－F40－1.0－0.1	11.32		
C40－F40－1.0－0.2	11.11	57.17	7.89
C40－F40－1.0－0.3	9.48		
C40－F40－1.0－0.4	10.67		
C40－F40－1.2－0.2	10.65		
C40－F40－1.2－0.3	10.02		
C40－F40－1.2－0.4	10.91		
C40－F40－1.4－0.2	10.20		
C40－F40－1.4－0.3	12.90		
C40－F40－1.4－0.4	11.39		
C40－F50－1.0－0.1	7.29		
C40－F50－1.0－0.2	10.90	58.09	8.69
C40－F50－1.0－0.3	10.56		
C40－F50－1.0－0.4	12.57		
C40－F50－1.2－0.2	11.19		

续表

配合比（水泥-粉煤灰-水胶比-砂率）	劈裂抗拉强度/立方体抗压强度/%	圆柱体轴心抗压强度/立方体抗压强度/%	弯曲强度/立方体抗压强度/%
C40－F50－1.2－0.3	10.29		
C40－F50－1.2－0.4	11.83		
C40－F50－1.4－0.2	11.44		
C40－F50－1.4－0.3	11.90		
C40－F50－1.4－0.4	12.15		
C50－F30－1.0－0.1	10.65		
C50－F30－1.0－0.2	10.83	59.17	12.83
C50－F30－1.0－0.3	9.19	55.86	10.63
C50－F30－1.0－0.4	9.21	53.32	11.78
C50－F30－1.2－0.2	10.18	56.49	12.28
C50－F30－1.2－0.3	8.37	55.70	10.46
C50－F30－1.2－0.4	8.72	62.86	11.41
C50－F30－1.4－0.2	9.60	57.00	12.60
C50－F30－1.4－0.3	8.11	55.58	10.55
C50－F30－1.4－0.4	9.28	60.82	12.37
C50－F40－1.0－0.1	8.99		
C50－F40－1.0－0.2	8.47	52.82	12.23
C50－F40－1.0－0.3	9.95	52.40	11.94
C50－F40－1.0－0.4	7.45	54.36	11.45
C50－F40－1.2－0.2	9.24	54.94	12.74
C50－F40－1.2－0.3	7.07	53.62	11.21
C50－F40－1.2－0.4	7.92	47.29	12.29
C50－F40－1.4－0.2	9.65	57.72	13.16
C50－F40－1.4－0.3	8.51	58.22	10.83
C50－F40－1.4－0.4	9.23	50.68	11.71
C50－F50－1.0－0.1	5.76		
C50－F50－1.0－0.2	7.92	48.48	13.52
C50－F50－1.0－0.3	8.37%	53.49	15.35
C50－F50－1.0－0.4	10.09	72.77	19.48
C50－F50－1.2－0.2	9.09	55.91	15.00
C50－F50－1.2－0.3	8.31	51.38	13.23

续表

配合比（水泥-粉煤灰-水胶比-砂率）	劈裂抗拉强度/立方体抗压强度/%	圆柱体轴心抗压强度/立方体抗压强度/%	弯曲强度/立方体抗压强度/%
C50－F50－1.2－0.4	8.73	50.87	16.16
C50－F50－1.4－0.2	9.83	58.31	15.42
C50－F50－1.4－0.3	7.67	49.67	13.67
C50－F50－1.4－0.4	7.25	50.53	16.42
C60－F20－1.0－0.1	8.68		
C60－F20－1.0－0.2	10.35	59.47	16.29
C60－F20－1.0－0.3	9.48	54.28	18.50
C60－F20－1.0－0.4	12.24		
C60－F20－1.2－0.2	8.33	58.60	15.34
C60－F20－1.2－0.3	9.65	50.96	17.04
C60－F20－1.2－0.4	10.80		
C60－F20－1.4－0.2	9.89	57.37	15.72
C60－F20－1.4－0.3	10.87	59.88	8.30
C60－F20－1.4－0.4	8.04		
C60－F30－1.0－0.1	9.96		
C60－F30－1.0－0.2	10.44	60.13	17.99
C60－F30－1.0－0.3	11.55	55.78	18.54
C60－F30－1.0－0.4	11.07		
C60－F30－1.2－0.2	8.99	63.35	18.40
C60－F30－1.2－0.3	9.89	55.34	16.75
C60－F30－1.2－0.4	9.55		
C60－F30－1.4－0.2	8.80	53.35	17.04
C60－F30－1.4－0.3	10.23	58.38	15.17
C60－F30－1.4－0.4	8.78		
C60－F40－1.0－0.1	13.47		
C60－F40－1.0－0.2	10.85	60.85	20.32
C60－F40－1.0－0.3	12.80	55.57	21.23
C60－F40－1.0－0.4	11.23		
C60－F40－1.2－0.2	10.34	61.78	18.59
C60－F40－1.2－0.3	11.73	54.17	16.67
C60－F40－1.2－0.4	9.73		

续表

配合比（水泥-粉煤灰-水胶比-砂率）	劈裂抗拉强度/立方体抗压强度/%	圆柱体轴心抗压强度/立方体抗压强度/%	弯曲强度/立方体抗压强度/%
C60－F40－1.4－0.2	9.49	56.81	17.61
C60－F40－1.4－0.3	10.76	59.72	17.19
C60－F40－1.4－0.4	8.91		
C70－F20－1.0－0.1	6.72		
C70－F20－1.0－0.2	7.86	53.61	20.91
C70－F20－1.0－0.3	7.22		
C70－F20－1.0－0.4	8.27		
C70－F20－1.2－0.2	7.87		
C70－F20－1.2－0.3	8.23		
C70－F20－1.2－0.4	8.51		
C70－F20－1.4－0.2	8.29		
C70－F20－1.4－0.3	7.60		
C70－F20－1.4－0.4	7.68		
C70－F30－1.0－0.1	7.01		
C70－F30－1.0－0.2	8.77	54.14	19.56
C70－F30－1.0－0.3	8.02		
C70－F30－1.0－0.4	8.17		
C70－F30－1.2－0.2	8.18		
C70－F30－1.2－0.3	8.51		
C70－F30－1.2－0.4	7.57		
C70－F30－1.4－0.2	7.72		
C70－F30－1.4－0.3	8.09		
C70－F30－1.4－0.4	8.28		

注 表中配合比四个数据依次表示为水泥含量-粉煤灰掺量-水胶比-砂率，其中C表示水泥含量，F表示粉煤灰掺量，单位为kg/m^3。

表2.21　　立方体抗压强度与抗剪强度指标c、φ值对应

立方体抗压强度/MPa	c/kPa	φ/(°)	立方体抗压强度/MPa	c/kPa	φ/(°)
3.45	318	47	4.10	509	47
3.67	417	48	4.12	413	48
3.88	460	49	4.26	548	49

续表

立方体抗压强度 /MPa	c /kPa	φ /(°)	立方体抗压强度 /MPa	c /kPa	φ /(°)
4.44	310	49	6.28	625	50
4.47	449	48	6.40	597	48
4.58	574	48	6.45	605	51
4.69	418	49	6.58	551	49
4.93	506	48	6.60	626	50
5.17	512	48	7.20	540	49
5.26	461	51	7.23	486	50
5.42	438	50	7.26	645	50
5.55	564	47	7.44	816	49
5.70	581	47	7.95	630	50
5.87	435	49	8.21	847	50
6.03	663	50	9.42	913	51

由表 2.20 可知：

（1）胶凝砂砾石材料的劈裂抗拉强度和立方体抗压强度存在一定的比值关系，比值大都为 7%～12%，100 组比值数据均值为 9.5%，标准差为 0.01。总体而言，胶凝砂砾石材料劈拉强度是抗压强度的 7%～12%，即胶凝砂砾石材料劈拉强度是抗压强度的 1/10 左右。

试验给出胶凝砂砾石材料劈裂抗拉强度与立方体抗压强度关系为

$$f_t = 0.17\sqrt[3]{f_{cu}^2}$$

式中　f_t——劈裂抗拉强度；

f_{cu}——立方体抗压强度。

将试验数据代入公式验证，误差在±10%内，公式拟合效果较好。

（2）胶凝砂砾石材料的圆柱体轴心抗压强度和立方体抗压强度存在一定的比值关系，比值绝大都为 50%～60%，49 组比值数据均值为 56%，标准差为 0.04。总体而言，胶凝砂砾石材料圆柱体轴心抗压强度是立方体抗压强度的 56%倍左右。

（3）胶凝砂砾石材料的弯曲强度和立方体抗压强度存在一定的比值关系，比值大都为 8%～21%，49 组比值数据均值为 15%，标准差为 0.03。总体而言，胶凝砂砾石材料的弯曲强度为立方体抗压强度的 15%左右。

由表 2.21 可知：

胶凝砂砾石材料的立方体抗压强度区间与抗剪强度指标 c、φ 值存在较强的对应关系，见表 2.22。

表 2.22　　立方体抗压强度与抗剪强度指标 c、φ 对应关系

立方体抗压强度/MPa	c/kPa	φ/(°)
3～4	320	47.2
4～5	430	48.3
5～6	500	49.6
6～7	640	50.3
7～8	720	50.5
8～9	850	51.0

第3章　胶凝砂砾石材料模型相似理论及相似材料选取

本章以山西守口堡水库为原型，首先介绍模型试验相似原理，然后阐述胶凝砂砾石模型材料的选取步骤，研制出粗砂、重晶石粉、石膏粉、水泥、铁粉混合而成胶凝砂砾石坝的模型相似材料，为胶凝砂砾石坝模型试验提供参考。

3.1　物理现象相似

自然界的一切物质体系中，存在着各种不同的物理变化过程。物理现象相似是指几个物理体系的形态和某种变化过程的相似。

通常所说的相似，有下面三种类型：

(1) 相似，或同类相似。即两个物理体系在几何形态上，保持所对应的线性尺寸成比例，所对应的夹角相等，同时具有同一物理变化过程。

(2) 拟似，或异类相似。即两个物理体系物理性质不同，但它们的物理变化过程，遵循同样的数学规律或模式。

(3) 差似，或变态相似。即两个物理体系在几何形态上不相似，但有同一物理变化过程。

本书所要讨论的是上述第一种相似，即几何形状相似体系进行的同一物理变化过程，这些体系中的对应点上同名物理量之间具有固定的比数。因此，找到这些体系中两个物理现象的同名物理量之间的固定比数，就可以用其中的一个物理现象去模拟另外一个物理现象。

3.2　相似现象的几个基本概念

要用一个物理变化过程去模拟另外一个物理变化过程，就要找到这两个物理体系的同名物理量之间的固定比数，这个固定比数可以用相似系数（相似常数）、相似指标及相似判据（相似准数）三个概念来描述。

(1) 相似系数。相似系数是指在模型与原型中，任一物理变化过程的同名物理量都保持着固定的比例关系，称为该物理量相似；阐明这种比例关系的，称为相似系数。在相似现象中，物理量相似的条件是相似系数为常数，因此，相似系数也称为相似常数。

（2）相似指标。相似指标是指在模型与原型之间，若有关物理量的相似系数是互相制约的，它们相互之间以某种形式保持着固有的关系，这种关系称为相似指标，记为 C_i。

（3）相似判据。既然相似指标是表示相似现象中各相似系数之间的关系，而相似系数代表了某个物理量之间所保持的比例关系，所以，相似现象中各物理量之间应具有的比例关系可由相似指标导出。这种比例关系是一个定数，称为相似判据或相似准数，通常写成 $K=idem$。

3.3 相似理论

相似理论的内容就是揭示相似物理现象之间存在的固有关系，找同名物理量之间的固定比数，以及将相似理论应用在科学试验及工程技术实践中。

本书所要讨论的相似理论主要应用于试验力学中的水工结构模型试验。结构模型试验的任务是将作用在原型水工建筑物的力学现象，在缩尺模型上重现，从模型上测出与原型相似的力学现象，如应力、位移等，再通过模型相似关系推算到原型，从而达到用模型试验来研究原型的目的，以校核或改进设计方案。可见，相似理论是模型试验的基础，模型试验是用来预演和测定工程中物理现象的手段。因此，在模型试验研究中，应依照相似理论来进行模型设计和建立工程与模型之间物理量的换算关系[126-134]。

3.3.1 相似第一定理——相似现象的性质

相似第一定理可表述为：彼此相似的现象，以相同文字符号的方程所描述的相似指标为1，或相似判据为一不变量。

相似指标等于1或相似判据相等是现象相似的必要条件。相似指标和相似判据所表达的意义是一致的，互相等价，仅表达式不同。

相似第一定理是由法国科学院院士别尔特朗（J. Bertrand）于1848年确定的，其实早在1686年，牛顿就发现了第一相似定理确定的相似现象的性质。现以牛顿第二定律为例，说明相似指标和相似判据的相互关系。

设两个相似现象，它们的质点所受的力 F 的大小等于其质量 m 和受力后产生的加速度 a 的乘积，方向与加速度的方向相同，则对第一个现象有

$$F_1=m_1a_1 \tag{3.1}$$

对第二个对象有

$$F_2=m_2a_2 \tag{3.2}$$

因为两现象相似，各物理量之间有下列关系：

$$\left.\begin{aligned} C_m &= \frac{m_2}{m_1} \\ C_F &= \frac{F_2}{F_1} \\ C_a &= \frac{a_2}{a_1} \end{aligned}\right\} \tag{3.3}$$

C_m、C_F、C_a 这些两相似现象的同名物理量之比就为相似系数。

将式（3.3）代入式（3.2）得

$$C_F F_1 = C_m m_1 C_a a_1$$

$$\frac{C_F}{C_m C_a} F_1 = m_1 a_1 \tag{3.4}$$

对比式（3.4）和式（3.1）可知，必须有下列关系才能成立。

$$\frac{C_F}{C_m C_a} = C_i = 1 \tag{3.5}$$

式中　C_i——相似指标（或称相似指数），它是相似系数的特定关系式。

若将式（3.4）移项可得

$$\frac{F_1}{m_1 a_1} = \frac{C_m C_a}{C_F} = \frac{1}{C_i} = 1$$

同理由式（3.2）可得

$$\frac{F_2}{m_2 a_2} = 1$$

则

$$\frac{F_1}{m_1 a_1} = \frac{F_2}{m_2 a_2} = \frac{F}{ma} = K = idem \tag{3.6}$$

式中　K——各物理量之间的常数，称为相似现象的相似判据或称相似不变量，它是相似物理体系的物理量的特定组合关系式。

$idem$——同一个数的意思。

由式（3.6）可见，两相似现象中，它们对应的质点上的各物理量虽然是 $F_1 \neq F_2$，$m_1 \neq m_2$，$a_1 \neq a_2$，但它们的组合量 $\frac{F}{ma}$ 的数值保持不变，这就是两物理量相似其相似指标等于 1 的等价条件。总之由牛顿第二定律为例可得相似指标和相似判据的关系为

$$\begin{cases} \text{牛顿第二定律} \quad F = ma \\ \text{相似系数} \quad C_F = \dfrac{F_2}{F_1}, \quad C_m = \dfrac{m_2}{m_1}, \quad C_a = \dfrac{a_2}{a_1} \\ \text{相似指标} \quad \dfrac{C_F}{C_m C_a} = 1 \\ \text{相似判据} \quad \dfrac{F}{ma} = idem \end{cases}$$

物理现象总是服从某一规律，这一规律可用相关物理量的数学方程式来表示。当现象相似时，各物理量的相似常数之间应该满足相似指标等于1的关系。应用相似常数的转换，由方程式转换所得相似判据的数值必然相同，即无量纲的相似判据在所有相似系统中都是相同的。

3.3.2 相似第二定理（π定理）——相似判据的确定

相似第二定理可表述为：表示一现象的各物理量之间的关系方程式，都可换算成无量纲的相似判据方程式。该定理又称为π定理。

这样，在彼此相似现象中，其相似判据可不必用相似常数导出，只要将各物理量之间的方程式转换成无量纲方程式的形式，其方程式的各项就是相似判据。例如，一等截面直杆，两端受有一偏心距为 L 的轴向力 F，则其外侧面的应力 σ 可表示为

$$\sigma=\frac{F}{A}+\frac{FL}{W} \tag{3.7}$$

式中 A——杆的截面积；

W——抗弯截面模量。

用 σ 除以式（3.7）两端得

$$1=\frac{F}{\sigma A}+\frac{FL}{W\sigma} \tag{3.8a}$$

式（3.8）即为无量纲方程式，其中 $\frac{F}{\sigma A}$，$\frac{FL}{W\sigma}$ 就是相似判据。

若有这种类型的两个相似现象，它们的无量纲式分别为

对第一个现象：
$$\frac{F_1}{\sigma_1 A_1}+\frac{F_1 L_1}{W_1\sigma_1}=1 \tag{3.8b}$$

对第二个现象：
$$\frac{F_2}{\sigma_2 A_2}+\frac{F_2 L_2}{W_2\sigma_2}=1 \tag{3.8c}$$

因为两现象相似，各物理量之间的关系式为

$$F_2=C_F F_1$$
$$A_2=C_A A_1$$
$$L_2=C_L L_1$$
$$\sigma_2=C_\sigma \sigma_1$$
$$W_2=C_W W_1$$

将上述关系代入式（3.8b）得

$$\frac{C_F}{C_\sigma C_A}\times\frac{F_1}{\sigma_1 A_1}+\frac{C_F C_L}{C_\sigma C_W}\times\frac{F_1 L_1}{W_1\sigma_1}=1 \tag{3.8d}$$

对比式（3.8a）和式（3.8c）可知，要使两现象相似。则必须为

$$\left.\begin{aligned} C_1 &= \frac{C_F}{C_\sigma C_A} = 1 \\ C_2 &= \frac{C_F C_L}{C_\sigma C_W} = 1 \end{aligned}\right\} \tag{3.8e}$$

根据相似的第一定律可知，C_1、C_2 都是彼此相似现象的相似指标，将各相似关系及各物理量代入式（3.8d）得

$$\frac{F_2}{F_1}\bigg/\left(\frac{\sigma_2}{\sigma_1}\times\frac{A_2}{A_1}\right)=1$$

即

$$\frac{F_2}{\sigma_2 A_2}=\frac{F_1}{\sigma_1 A_1}=\frac{F}{\sigma A}=K_1=idem$$

又

$$\frac{F_2 L_2}{F_1 L_1}\bigg/\frac{\sigma_2 W_2}{\sigma_1 W_1}=1$$

即

$$\frac{F_2 L_2}{\sigma_2 W_2}=\frac{F_1 L_1}{\sigma_1 W_1}=\frac{FL}{\sigma W}=K_2=idem$$

由上看出，无量纲方程中的各项，即是相似判据。

如果现象的描述用偏微分方程描述，则相似第二定理可将偏微分方程无量纲化，从而将有量纲的偏微分方程变换为无量纲的常微分方程，使之易于求解，这种方法广泛用于数学方程式的理论分析中。常用 π 定理将各物理量之间的方程式转换成无量纲方程式的形式，其应用将在 3.4 节做详细介绍。

3.3.3　相似第三定理——相似现象的必要和充分条件

相似第一定理阐述了相似现象的性质及各物理量之间存在的关系，相似第二定理证明了描述物理过程的方程经过转换后可由无量纲综合数群的关系式表示，相似现象的方程形式应相同，其无量纲数也应相同。第一、第二定理是把物理现象相似作为已知条件的基础上，说明相似现象的性质，故称为相似正定理，是物理现象相似的必要条件，但如何判别两现象是否相似呢？1930 年，苏联科学家 M. B. 基尔皮契夫和 A. A. 古赫曼提出的相似第三定理补充了前面两个定理，是相似理论的逆定理，提出了判别物理现象相似的充分条件：在几何相似系统中，具有相同文字符号的关系方程式，单值条件相似，且由单值条件组成的相似准数相等，则两物理现象是相似的。简单地说，现象的单值量相似，则两物理量现象相似。

所谓单值条件是指从一群现象中把某一具体现象从中区分处理的条件，单值条件相似应包括：几何相似、物理相似、边界条件相似、力学相似、初始条件相似。所谓单值量，是指单值条件中所包含的各物理量，如力学现象中的尺寸、弹性模量、面积力、体积力等。因此，各单值量相似，当然包括各单值量的单值条件也就相似，则两现象自然相似。

综上所述，用以判断相似现象的是相似判据，它描述了相似现象的一般规律。所以，在进行模型试验之前，总是要先求得被研究对象的相似判据，然后按照相似判据确定的相似关系开展模型设计、试验测试和数据整理等工作。

3.3.4　相似条件

前面已经提到，不同的物理体系有着不同的变化过程，物理过程可用一定的物理量来描述。物理体系的相似是指在两个几何相似的物理体系中，进行着同一物理性质的变化过程，并且各体系中对应点上的同名物理量之间存在固定的相似常数。

两个相似的物理体系之间一般存在以下几方面的相似条件。

1. 几何相似

几何相似是指原型和模型的外形相似、对应角相等、对应边成比例，如图 3.1 所示。

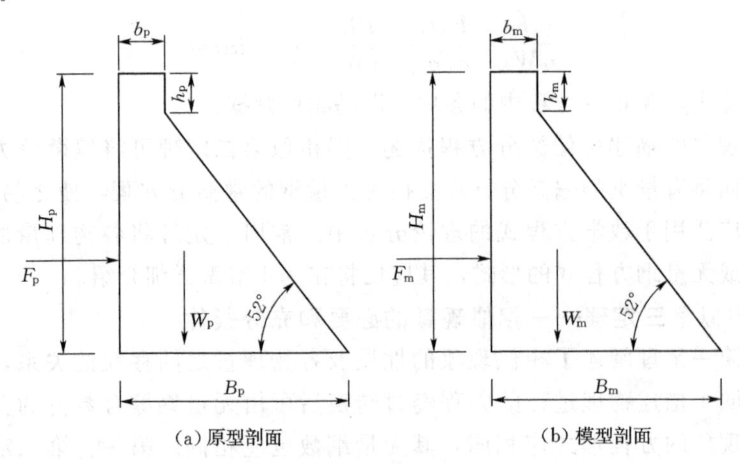

图 3.1　几何相似

两个重力坝剖面相似，则有

$$
\left.\begin{aligned}
\frac{H_p}{H_m}=\frac{B_p}{B_m}=\frac{h_p}{h_m}=C_l \\
\frac{\theta_p}{\theta_m}=C_\theta
\end{aligned}\right\}
\tag{3.9}
$$

两个几何相似的体系就是同一几何体系通过不同的比例放大或缩小而得，常见的相似常数有

$$
\left.\begin{aligned}
C_l=\frac{L_p}{L_m} \\
C_\theta=\frac{\theta_p}{\theta_m}
\end{aligned}\right\}
\tag{3.10}
$$

式中 L——某一线段的长度；

θ——两条边的夹角；

C_l、C_θ——几何相似常数或几何比尺；

下标 p 表示原型，m 表示模型（下同）。

2. 物理相似

物理相似是指原型和模型材料的物理力学性能参数相似，常见的相似常数有

$$\begin{cases} \text{应力相似常数} \quad C_\sigma = \dfrac{\sigma_p}{\sigma_m}; \text{应变相似常数}\ C_\varepsilon = \dfrac{\varepsilon_p}{\varepsilon_m} \\ \text{位移相似常数} \quad C_\delta = \dfrac{\delta_p}{\delta_m}; \text{弹模相似常数}\ C_E = \dfrac{E_p}{E_m} \\ \text{泊桑比相似常数}\ C_\mu = \dfrac{\mu_p}{\mu_m}; \text{体积力相似常数}\ C_X = \dfrac{X_p}{X_m} \\ \text{密度相似常数} \quad C_\rho = \dfrac{\rho_p}{\rho_m}; \text{容重相似常数}\ C_\gamma = \dfrac{\gamma_p}{\gamma_m} \end{cases} \tag{3.11}$$

3. 力学相似

力学相似是指相似结构物对应点所受力的作用方向相同，力的大小成比例。

$$\frac{F_p}{F_m} = \frac{W_p}{W_m} = \cdots = C_F \tag{3.12}$$

式中 F_p、F_m——水推力；

W_p、W_m——坝体自重；

下标 p 表示原型，m 表示模型。常见的力学相似常数有

$$\begin{cases} \text{重力} \quad F_\gamma = \gamma L^3; \quad \text{重力相似常数} \quad C_{F\gamma} = C_\gamma C_l^3 \\ \text{惯性力} \quad F_a = Ma = \dfrac{\rho L^4}{t^2}; \quad \text{惯性力相似常数} \quad C_{Fa} = C_\rho C_l^4 C_t^{-2} \\ \text{弹性力} \quad F_e = E\varepsilon A; \quad \text{弹性力相似常数} \quad C_{Fe} = C_E C_\varepsilon C_l^2 \end{cases} \tag{3.13}$$

4. 边界条件相似

要求模型与原型在与外界接触的区域内的各种条件（包括支撑条件、约束条件、边界荷载和周围介质等）保持相似。

5. 初始条件相似

对于动态过程，各物理量在某瞬间的值一方面取决于该现象的变化规律，另一方面取决于初始条件，即各变量的初始值，如初始位移、初始速度及加速度等。

完全满足各种相似条件的模型称为完全相似模型。实际上，获得完全相似模型是很困难的，一般只能根据研究重点满足主要的相似条件实现基本相似。

3.4 相似关系的分析方法

要保持原型和模型相似，必须使某个或某几个特定的相似系数相等（或相似指标等于 1)。确定了相似系数，各物理量的相似常数之间就建立了一定的关系，选择模型试验中各物理量的比尺也就有了可遵循的规则。

因此，研究两体系相似的一个主要问题，就是找出必须保持为同量的相似系数。确定相似系数的方法一般有如下三种：

(1) 根据相似定义，相似体系中同名物理量之间成一固定的比例。对力学体系，就根据某体系中不同的作用力之间所保持的固定关系，寻求表示这种体系主要特征的相似系数。主要用牛顿普遍相似定律。

(2) 研究体系中各物理因素的量的因次之间的关系，得出一系列无因次的相似系数，这就是因次分析法。

(3) 分析描述这种体系的物理方程式，这类相似体系必须共同遵守量的规律，得出相似系数。

3.4.1 牛顿普遍相似定律

两个几何相似的体系中对应点上的力互相平行，且互成比例（就是对应的力之间有一定的相似常数)，则这两个体系是力学相似的。

力学现象常常很复杂，要研究现象的相似，必须从这类现象所共同遵守的规律出发。某一具体的动力现象遵循某些具体的规律，而力学现象（指经典力学范围内的现象）的最一般的规律是牛顿定律，其中具体规定了量的关系的是牛顿第二定律：

$$\vec{F}=M\frac{\mathrm{d}\vec{v}}{\mathrm{d}t} \tag{3.14}$$

对第一体系：
$$\vec{F}_1=M_1\frac{\mathrm{d}\vec{v}_1}{\mathrm{d}t_1}$$

对第二体系：
$$\vec{F}_2=M_2\frac{\mathrm{d}\vec{v}_2}{\mathrm{d}t_2}$$

令各同名物理量之间的相似常数各为 α_F、α_M、α_v 和 α_t，代入以上方程式

$$\alpha_F\vec{F}_2=\alpha_M M_2\frac{\alpha_v\mathrm{d}\vec{v}_2}{\alpha_t\mathrm{d}t_2}$$

$$\frac{\alpha_F\alpha_t}{\alpha_M\alpha_v}\vec{F}_2=M_2\frac{\mathrm{d}\vec{v}_2}{\mathrm{d}t_2}$$

式中左端的系数显然应等于 1

$$C=\frac{\alpha_F\alpha_t}{\alpha_M\alpha_v}=1 \tag{3.15}$$

这就是力学体系相似的相似指标。

$$\frac{\alpha_F\alpha_t}{\alpha_M\alpha_v}=1$$

也就是
$$\frac{F_1t_1}{M_1v_1}\bigg/\frac{F_2t_2}{M_2v_2}=1$$

或
$$\frac{F_1t_1}{M_1v_1}=\frac{F_2t_2}{M_2v_2}$$

如推广到其他相似体系，则

$$\frac{F_1t_1}{M_1v_1}=\frac{F_2t_2}{M_2v_2}=\frac{F_3t_3}{M_3v_3}=\cdots \text{ 或 } \frac{Ft}{Mv}=idem \tag{3.16}$$

因此，所有相似体系中$\frac{Ft}{Mv}$都应等于同一数值。这一数值称为相似准数或相似判据。相似准数相同是物理体系相似的必要条件。

相似指标和相似准数所表示的意义是一致的。以各物理量的相似常数组合起来的乘积，相似指标等于1，就是以这些物理量按同一结构形式组合起来的乘积，相似准数等于同量。如

$$\frac{\alpha_F\alpha_t}{\alpha_M\alpha_v}=1,\text{ 则}\frac{Ft}{Mv}=idem$$

$$\frac{\alpha_A\alpha_B^2}{\alpha_C\alpha_D^3}=1,\quad \text{则}\frac{AB^2}{CD^3}=idem \tag{3.17}$$

$\frac{Ft}{Mv}$这一准数表示了牛顿的相似定律。该准数的形式还可以进行变换。准数中包含质量M，但所研究的对象常不是单个的质点，而是连续介质。某一部分连续介质的质量就和它的体积有关，所以用密度ρ乘体积l^3来表示质量是方便的。时间t也是体系运动的坐标，可用l/v表示，因l和v是体系本身的几何特性和运动特性。将如下变换：

$$\alpha_M=\alpha_\rho\alpha_l^3,\ \alpha_v=\frac{\alpha_l}{\alpha_t}$$

代入$\frac{\alpha_F\alpha_t}{\alpha_M\alpha_v}$，得

$$\alpha_F=\alpha_\rho\alpha_l^2\alpha_v^2 \tag{3.18}$$

也就是 $\frac{F_1}{F_2}=\frac{\rho_1l_1^2v_1^2}{\rho_2l_2^2v_2^2}$，　$\frac{F_1}{\rho_1l_1^2v_1^2}=\frac{F_2}{\rho_2l_2^2v_2^2}=\cdots=K$

$$K=\frac{F}{\rho l^2v^2}=idem \tag{3.19}$$

K就是从牛顿第二定律导出的力学体系的相似准数，称为牛顿数Ne。

$$Ne=\frac{F}{\rho l^2 v^2}=idem \tag{3.20}$$

这一准数表明，在力学相似的体系中，对应的力之间的比例与其对应长度的平方，对应速度的平方和密度的一次方的乘积之间的比例相同。这就是牛顿普遍相似定律。

将牛顿普遍相似定律中的惯性力与各种力相比，就可求得使各种力保持相似所需满足的判据。以重力相似准则为例，在体系处于重力作用下时，重力 $F=mg$，其与惯性力相比，由式（3.17）推导如下：

$$\alpha_F=\alpha_m\alpha_g=\alpha_\rho\alpha_v^2\alpha_l^2=\alpha_\rho\alpha_l^3\alpha_g$$

$$\frac{\alpha_\rho\alpha_v^2\alpha_l^2}{\alpha_\rho\alpha_l^3\alpha_g}=1$$

$$\left.\begin{aligned}&\frac{\alpha_v^2}{\alpha_g\alpha_l}=1\\&\frac{v^2}{gl}=idem\\&\frac{v}{\sqrt{gl}}=Fr\end{aligned}\right\} \tag{3.21}$$

这一判据称为弗劳德数。对重力作用下的相似体系，它们的弗劳德数必须相同。这种方法在水力学中比较常见，雷诺数 Re 以及韦伯数 We 的相似判据均可由这种方法得到。

3.4.2 量纲齐次原理与白汉金 π 理论

3.4.2.1 量纲齐次原理

1. 量纲的基本概念

各种物理量的数值要经过量测并用各种度量单位来表示。所谓对某一物理量的量测，就是先制定或选定一个单位，再把该物理量同这个单位比较，得一倍数。一个物理量 E 就是以一个数值 e 和一个单位 U 结合在一起来表示。如质量 5kg 就是一个数值“5”和一个单位“kg”合在一起表示了这一物理量（质量）的大小。如果单位改变，则数值也相应地改变，但这物理量不变。客观事物不因人为选定的量度标准而改变。例如一长度为 3 米，如果单位减小 100 倍，改为厘米，则数值加大 100 倍，由 3 改为 300，但这个物理量并不改变，300 厘米和 3 米所表示的是同一长度。

自然现象的变化有一定的规律，各个物理量并不是互不相关，而是处在符合这些规律的一定关系之中。当我们还不知道物理现象的物理量间的关系，但已知影响该物理现象的物理量时，可用量纲分析法模拟该物理量。一般选择几个物理量的单位，就能求出其他物理量的单位。把这几个物理量称为基本物理量，基本物理量的单位称为基本单位。量纲是物理学中的一个重要概念。将一个物理导出量用若干个基本量的乘方之积表示出来的表达式，称为该物理量的量纲式，简称量纲（dimension）。量纲又称为因次，它是在选定了单位制之后，由基本物理量单位表达的式子。它可以定性地表示出物理量与基本量之间的关系，可以有效地应用它进行单位换算，可以用它来检查物理公式的正确与否，还可以通过它来推知某些物理规律。

2. 基本量纲和导出量纲

在国际单位制（I）中，七个基本物理量长度、质量、时间、电流、热力学温度、物质的量、发光强度的量纲符号分别是 L、M、T、I、Q、N 和 J。按照《有关量、单位和符号的一般原则》（GB/T 3101—1993），物理量 Q 的量纲记为 $\dim Q$，国际物理学界沿用的习惯记为 $[Q]$。在工程中一般采用长度 L、力 F 和时间 T 作为基本物理量，某物理量 K 的量纲式为

$$[K]=[L^{\alpha}F^{\beta}T^{\gamma}] \tag{3.22}$$

式中　α、β、γ——物理量 K 对长度、力和时间的量纲。静力结构模型试验中常用的物理量见表 3.1。

表 3.1　常用物理量及其单位

物理量		符号	量纲	米制（米千克力秒制）				国际单位制			
				单位名称	单位符号		导出单位	单位名称	单位符号		导出单位
					中文	国际			中文	国际	
基本物理量	长度	L	$[L]$	米	米	m		米	米	m	
	时间	T	$[T]$	秒	秒	s		秒	秒	S	
	力	F	$[F]$	公斤力	公斤力	kgf		牛顿	牛［顿］	N	
导出物理量	应力	σ	$[FL^{-2}]$				$kgfm^{-2}$	帕斯卡	帕［斯卡］	Pa	Nm^{-2}
	密度	ρ	$[FT^2L^{-4}]$				$kgfs^2m^{-4}$				Ns^2m^{-4}
	比重	γ	$[FL^{-3}]$				$kgfm^{-2}$				Nm^{-3}
	应变	ε	$[0]$								
	波桑比	μ	$[0]$								

3. 无量纲量或量纲为零

某些物理量与三个基本单位都无关，如应变 ε、泊松比 μ、摩擦系数 f、角度 θ 等，这些物理量称为无量纲量。

另外，还有一些物理量与三个基本单位中的某一个无关，便可说这个物理量的单位对该基本单位的量纲为零。如应力 σ 对时间 T 的量纲为零等。

4. 量纲的齐次原理或量纲的和谐性

牛顿第二定律公式 $F=ma$ 的量纲：

左边量纲为$[F]$；右边的量纲为

$$[m][a]=[FL^{-1}T^{2}]\ [LT^{-2}]\ =[F]$$

简支梁受均布荷载q作用下的挠度公式$y=\dfrac{qx}{24EI}[x^{3}+l^{3}-2lx^{2}]$的量纲。

等式左边的量纲为$[y]=[L]$；等式右边的量纲为

$$\left[\frac{qx}{EI}\right][x^{3}]=[q][x][E^{-1}][I^{-1}][x^{3}]=[FL^{-1}][L][F^{-1}L^{2}][L^{-4}][L^{3}]=[L]$$

式中 l——简支梁长度；

E——弹性模量；

I——惯性矩。

从以上两个例子的量纲分析可以看出：

(1) 不管物理方程的形式如何，等式两端的量纲是相同的。不难理解，在一个物理方程中，不能把以长度计的物理量和以时间计的物理量来相加或相减。

(2) 一个由若干项之和（或之差）组成的物理方程组，所包含的各项的量纲相同。

(3) 物理方程式中所包含的导出量的量纲，当用基本的量纲表示后，则方程式各项的量纲组合应相同。

(4) 任一有量纲的物理方程可以改写为量纲为1的项组成的方程而不会改变物理过程的规律性。

以上便是“量纲的齐次原理”或称“量纲的和谐性”。

量纲分析法，就是利用量纲之间的和谐性去推求各物理量之间的规律性的方法。

3.4.2.2 白汉金π理论

任一物理过程，包含有$k+1$个有量纲的物理量，如果选择其中m个作为基本物理量，那么该物理过程可以由$[(k+1)-m]$个量纲为1的数所组成的关系式来描述。因为这些量纲为1的数用π来表示，故称为π定理。π定理又称为白金汉（Buckingham）定理。

设已知某物理过程含有$k+1$个物理量（其中一个因变量，k个自变量），不知道这些物理量之间所构成的函数关系式，但可以写成一般的表达式为

$$N=f(N_{1},N_{2},N_{3},\cdots,N_{k}) \tag{3.23}$$

则各物理量N，N_{1}，N_{2}，N_{3}，N_{4}，N_{5}，…，N_{k}之间的关系可用下列普遍方程式来表示

$$N=\sum_{i}\alpha_{i}(N_{1}^{a_{i}}N_{2}^{b_{i}}N_{3}^{c_{i}}N_{4}^{d_{i}}N_{5}^{e_{i}}\cdots N_{k}^{n_{i}}) \tag{3.24}$$

式中 α——量纲为1的系数，i为项数，a，b，c，d，e，…，n为指数。

假设选用N_{1}，N_{2}，N_{3}三个物理量的量纲作基本量纲，则各物理量的量纲

均可用该三个基本物理量的量纲来表示：

$$\left.\begin{aligned} &N=N_1^{x}N_2^{y}N_3^{z}\\ &N_1=N_1^{x_1}N_2^{y_1}N_3^{z_1}\\ &N_2=N_1^{x_2}N_2^{y_2}N_3^{z_2}\\ &N_3=N_1^{x_3}N_2^{y_3}N_3^{z_3}\\ &N_4=N_1^{x_4}N_2^{y_4}N_3^{z_4}\\ &\cdots\cdots\\ &N_k=N_1^{x_k}N_2^{y_k}N_3^{z_k} \end{aligned}\right\} \tag{3.25}$$

或写成普通方程式：

$$\left.\begin{aligned} &N=\pi N_1^{x}N_2^{y}N_3^{z}\\ &N_1=\pi_1 N_1^{x_1}N_2^{y_1}N_3^{z_1}\\ &N_2=\pi_2 N_1^{x_2}N_2^{y_2}N_3^{z_2}\\ &N_3=\pi_3 N_1^{x_3}N_2^{y_3}N_3^{z_3}\\ &N_4=\pi_4 N_1^{x_4}N_2^{y_4}N_3^{z_4}\\ &\cdots\cdots\\ &N_k=\pi_k N_1^{x_k}N_2^{y_k}N_3^{z_k} \end{aligned}\right\} \tag{3.26}$$

式中　π，π_1，π_2，π_3，π_4，π_5，…，π_k——量纲为1的比例系数。

由量纲的和谐性可知式（3.26）方程组各式等号两边的量纲应相等，因此方程组第二式的 $x_1=1$，$y_1=0$，$z_1=0$，得 $N_1=\pi_1 N_1$，故 $\pi_1=1$，即 $N_1=1\times N_1$。

同理，第三式 $N_2=\pi_2 N_2$，$\pi_2=1$，即 $N_2=1\times N_2$。

第四式 $N_3=\pi_3 N_3$，$\pi_3=1$，即 $N_3=1\times N_3$。

这就是说，我们选作基本物理量的三个 π 均等于1，这样式（3.26）可写作

$$\left.\begin{aligned} &N=\pi N_1^{x}N_2^{y}N_3^{z}\\ &N_1=\pi_1 N_1=1\times N_1\\ &N_2=\pi_2 N_2=1\times N_2\\ &N_3=\pi_3 N_3=1\times N_3\\ &N_4=\pi_4 N_1^{x_4}N_2^{y_4}N_3^{z_4}\\ &\cdots\cdots\\ &N_k=\pi_k N_1^{x_k}N_2^{y_k}N_3^{z_k} \end{aligned}\right\} \tag{3.27}$$

将式（3.26）代入式（3.24），得式（3.28）

$$N=\pi N_1^x N_2^y N_3^z=\sum_i \alpha_i [1\times 1\times 1\times \pi_4^{d_i}\pi_5^{e_i}\cdots\pi_k^{n_i} N_1^{(a_i+x_4d_i+x_5e_i+\cdots+x_kn_i)} N_2^{(b_i+y_4d_i+y_5e_i+\cdots+y_kn_i)} N_3^{(c_i+z_4d_i+z_5e_i+\cdots+z_kn_i)}] \tag{3.28}$$

由于量纲的和谐性，上式等号右边每一项的量纲都应与等号左边的量纲相同，即

$$N_1^x N_2^y N_3^z=N_1^{(a_i+x_4d_i+x_5e_i+\cdots+x_kn_i)} N_2^{(b_i+y_4d_i+y_5e_i+\cdots+y_kn_i)} N_3^{(c_i+z_4d_i+z_5e_i+\cdots+z_kn_i)}$$

由此可得

$$\left.\begin{array}{l}(a_i+x_4d_i+x_5e_i+\cdots+x_kn_i)=x\\(b_i+y_4d_i+y_5e_i+\cdots+y_kn_i)=y\\(c_i+z_4d_i+z_5e_i+\cdots+z_kn_i)=z\end{array}\right\} \tag{3.29}$$

将式（3.29）代入式（3.28），得

$$N=\pi N_1^x N_2^y N_3^z=\sum_i \alpha_i [1\times 1\times 1\times \pi_4^{d_i}\pi_5^{e_i}\cdots\pi_k^{n_i} N_1^x N_2^y N_3^z]$$

以 $N_1^x N_2^y N_3^z$ 除上式各项得

$$\pi=\sum_i \alpha_i [1\times 1\times 1\times \pi_4^{d_i}\pi_5^{e_i}\cdots\pi_k^{n_i}]$$

上式也可写成

$$\pi=f[1\times 1\times 1\times \pi_4\pi_5\cdots\pi_k] \tag{3.30}$$

式中量纲一的数可应用式（3.25）来求，即

$$\pi_k=\frac{N_k}{N_1^{x_k}N_2^{y_k}N_3^{z_k}} \tag{3.31}$$

上式中 N_1，N_2，N_3 为选择的三个基本物理量，x_k，y_k，z_k 可由分子分母的量纲相等来确定。式（3.30）就是白金汉 π 定理。

π 定理告诉我们，如果物理现象规定的物理量有 n 个，其中 k 个是基本物理量，则独立的纯数有 $n-k$ 个，把无量纲数称为纯数，这些独立的纯数也称 π 项。

现以承受一个集中荷载的悬臂梁（图3.2）为例，来说明如何应用 π 定理求相似判据。

已知图示矩形固端悬臂梁，长度为 L，梁中部受集中力 F_p 作用，若未知其物理方程时，求解：

（1）用 π 定理求梁挠度的相似判据，已知 $y=f(F,L,M,E,I)$。

（2）若 $C_E=5$，$C_L=6$ 时，求 F_m 值。

已知梁挠度公式表示为

$$y=f(F,L,M,E,I)$$

式中　y——位移；

F——集中荷载；

L——悬臂梁长度；

M——弯矩；

E——材料的弹性模量；

I——惯性矩。

其量纲式为

$[y]=[L],[F]=[F],[L]=[L],[M]=[FL],[E]=[FL^{-2}],[I]=[L^4]$

由于基本物理量为力和长度，所以只可能有 $6-2=4$ 个独立的纯数，并且可写成函数关系为

$$f(\pi_1,\ \pi_2,\ \pi_3,\ \pi_4)=0$$

任选 M 和 F 为不能组成独立纯数的量，则

$$\pi_1=\frac{y}{M^\alpha F^\beta}\rightarrow\frac{[L^{(1-\alpha)}]}{[F^{(\alpha+\beta)}]}$$

$$\pi_2=\frac{L}{M^\alpha F^\beta}\rightarrow\frac{[L^{(1-\alpha)}]}{[F^{(\alpha+\beta)}]}$$

$$\pi_3=\frac{E}{M^\alpha F^\beta}\rightarrow\frac{[L^{(-2-\alpha)}]}{[F^{(\alpha+\beta-1)}]}$$

$$\pi_4=\frac{I}{M^\alpha F^\beta}\rightarrow\frac{[L^{(4-\alpha)}]}{[F^{(\alpha+\beta)}]}$$

因 π_1，π_2，π_3，π_4 为独立的纯数，所以 L 和 F 的指数应该为 0，因此可求得 α 和 β 的数值，并得到

$$\pi_1=\frac{y}{MF^{-1}}=\frac{F}{M}y \tag{3.32a}$$

$$\pi_2=\frac{F}{M}L \tag{3.32b}$$

$$\pi_3=\frac{EM^2}{F^3} \tag{3.32c}$$

$$\pi_4=\frac{F^4}{M^4}I \tag{3.32d}$$

由梁的应力公式可推断：$\sigma=\varphi(F,\ M,\ L)$。

显然只可能有两个独立的纯数 π_5 和 π_6，因此可得：$\varphi(\pi_5,\ \pi_6)=0$。

又任选 M 和 L 为不能组成独立纯数的量，则

$$\pi_5=\frac{\sigma}{M^\alpha F^\beta}\rightarrow\frac{[L^{(-2-\alpha)}]}{[F^{(\alpha+\beta-1)}]} \tag{3.32e}$$

$$\pi_6=\frac{L}{M^\alpha F^\beta}\rightarrow\frac{[L^{(1-\alpha)}]}{[F^{(\alpha+\beta)}]} \tag{3.32f}$$

又因为π_5和π_6为独立的纯数，所以L和F的指数应为0，由此可求得α和β的数值，并得到

$$\pi_5=\frac{\sigma}{M^{-2}F^3}=\frac{\sigma M^2}{F^3} \tag{3.33a}$$

$$\pi_6=\frac{F}{M}L \tag{3.33b}$$

因此由式（3.32）及式（3.33）可得

$$\frac{F_m}{M_m}y_m=\frac{F_p}{M_p}y_p \tag{3.34a}$$

$$\frac{F_m}{M_m}L_m=\frac{F_p}{M_p}L_p \tag{3.34b}$$

$$\frac{M_m^2}{F_m^3}E_m=\frac{M_p^2}{F_p^3}E_p \tag{3.34c}$$

$$\frac{F_m^4}{M_m^4}I_m=\frac{F_p^4}{M_p^4}I_p \tag{3.34d}$$

$$\frac{\sigma_m M_m^2}{F_m^3}=\frac{\sigma_p M_p^2}{F_p^3} \tag{3.34e}$$

由式（3.34b）得

$$\frac{M_p}{M_m}=\frac{F_p}{F_m}C_l \tag{3.35a}$$

将式（3.35a）代入式（3.34c）得

$$\frac{F_p}{F_m}=C_E C_l^2 \Longrightarrow F_m=\frac{F_p}{C_E C_l^2} \tag{3.35b}$$

将式（3.35b）代入式（3.34e）得

$$C_\sigma=\frac{\sigma_p}{\sigma_m}=\frac{F_p}{F_m C_l^2} \tag{3.35c}$$

由式（3.34a）和式（3.34c）得

$$\frac{y_p}{y_m}=\frac{F_m M_p}{F_p M_m}=\sqrt{\frac{E_m F_p}{E_p F_m}} \tag{3.35d}$$

式（3.35a）～式（3.35d）就是该梁的相似判据。

若$C_E=5$，$C_l=6$时，则由式（3.35b）可得$F_m=\frac{F_p}{5\times6^2}=\frac{F_p}{180}$。由此，只要知道原型的力$F_p$，就可以通过上面的式子得到模型上应该加多大的力。

量纲分析的优点在于可根据经验公式进行模型设计。由于在上述公式的基本物理量中只有一个长度物理量，所以量纲分析只适用于几何相似的结构模型。

3.4.3　方程分析法

方程分析法中所用的方程主要是指微分方程，此外也有积分方程，积分-微分方程。这种方法的优点是：结构严密，能反映最本质的物理定律，在解决问题时结论可靠，分析过程程序明确，分析步骤易于检查，各种成分有利于推断、比较和校验。

通过科学试验和理论研究，已经找到某些物理现象中各物理量之间的函数关系，即物理定律，对于这些物理现象应在模型上重现这个物理定律。线弹性体弹性力学已是变形体力学中比较完善的学科。可以说，弹性力学已给出了受载线弹性体各物理量的函数关系。因此，可从弹性力学的基本方程求出相似判据。

3.5　弹性、塑性阶段的相似关系

对于承受静力荷载作用的弹性体，可从弹性力学的基本方程式求出相似判据。而对于结构模型破坏试验以及地质力学模型试验，模型的工作阶段分为弹性阶段和塑性阶段。根据模型的相似要求，模型不仅在弹性阶段的应力和变形应与原型相似，在超出弹性阶段后直至破坏时的应力、变形和强度特性也应与原型相似。因此，结构模型破坏试验和地质力学模型试验的相似关系须分两个阶段分别研究。

由力学理论可知，影响物理现象发生的各物理量之间存在相互关系，各相关物理量不能建立独立的相似关系，而要受到弹性力学或弹塑性力学基本方程的约束。根据相似理论，原型与模型相似的必要条件是描述原型与模型力学现象的数学方程应相同，相似指标应等于1。由此，可从弹性力学和弹塑性力学的基本方程出发，推导出各相似指标和相似条件。只有满足了这些相似条件，模型的力学现象才会与原型的力学现象相似。

3.5.1　弹性阶段的相似关系

由弹性力学可知，结构受力后处于弹性阶段时，模型内所有点均应满足弹性力学的几个基本方程和边界条件。

1. 基本方程

（1）平衡方程。

1）原型的平衡方程为

$$\begin{cases}\left(\dfrac{\partial\sigma_x}{\partial x}\right)_{\mathrm{p}}+\left(\dfrac{\partial\sigma_{yx}}{\partial y}\right)_{\mathrm{p}}+\left(\dfrac{\partial\sigma_{zx}}{\partial z}\right)_{\mathrm{p}}+X_{\mathrm{p}}=0\\ \left(\dfrac{\partial\sigma_y}{\partial y}\right)_{\mathrm{p}}+\left(\dfrac{\partial\sigma_{zy}}{\partial z}\right)_{\mathrm{p}}+\left(\dfrac{\partial\sigma_{xy}}{\partial x}\right)_{\mathrm{p}}+Y_{\mathrm{p}}=0\\ \left(\dfrac{\partial\sigma_z}{\partial z}\right)_{\mathrm{p}}+\left(\dfrac{\partial\sigma_{xz}}{\partial x}\right)_{\mathrm{p}}+\left(\dfrac{\partial\sigma_{yz}}{\partial y}\right)_{\mathrm{p}}+Z_{\mathrm{p}}=0\end{cases}\tag{3.36}$$

2）模型的平衡方程为

$$\begin{cases}\left(\frac{\partial\sigma_x}{\partial x}\right)_m+\left(\frac{\partial\sigma_{yx}}{\partial y}\right)_m+\left(\frac{\partial\sigma_{zx}}{\partial z}\right)_m+X_m=0\\\left(\frac{\partial\sigma_y}{\partial y}\right)_m+\left(\frac{\partial\sigma_{zy}}{\partial z}\right)_m+\left(\frac{\partial\sigma_{xy}}{\partial x}\right)_m+Y_m=0\\\left(\frac{\partial\sigma_z}{\partial z}\right)_m+\left(\frac{\partial\sigma_{xz}}{\partial x}\right)_m+\left(\frac{\partial\sigma_{yz}}{\partial y}\right)_m+Z_m=0\end{cases}\tag{3.37}$$

将相似常数 C_σ、C_l、C_x 代入式（3.36）得

$$\begin{cases}\left(\frac{\partial\sigma_x}{\partial x}\right)_m+\left(\frac{\partial\sigma_{yx}}{\partial y}\right)_m+\left(\frac{\partial\sigma_{zx}}{\partial z}\right)_m+\frac{C_xC_l}{C_\sigma}X_m=0\\\left(\frac{\partial\sigma_y}{\partial y}\right)_m+\left(\frac{\partial\sigma_{zy}}{\partial z}\right)_m+\left(\frac{\partial\sigma_{xy}}{\partial x}\right)_m+\frac{C_xC_l}{C_\sigma}Y_m=0\\\left(\frac{\partial\sigma_z}{\partial z}\right)_m+\left(\frac{\partial\sigma_{xz}}{\partial x}\right)_m+\left(\frac{\partial\sigma_{yz}}{\partial y}\right)_m+\frac{C_xC_l}{C_\sigma}Z_m=0\end{cases}\tag{3.38}$$

比较式（3.37）与式（3.38），可得相似指标为

$$\frac{C_XC_l}{C_\sigma}=1\tag{3.39}$$

（2）几何方程。

1）原型几何方程为

$$\begin{cases}(\varepsilon_x)_p=\left(\frac{\partial u}{\partial x}\right)_p; \quad (\gamma_{xy})_p=\left(\frac{\partial u}{\partial y}\right)_p+\left(\frac{\partial v}{\partial x}\right)_p\\(\varepsilon_y)_p=\left(\frac{\partial v}{\partial y}\right)_p; \quad (\gamma_{yz})_p=\left(\frac{\partial v}{\partial z}\right)_p+\left(\frac{\partial w}{\partial y}\right)_p\\(\varepsilon_z)_p=\left(\frac{\partial w}{\partial z}\right)_p; \quad (\gamma_{zx})_p=\left(\frac{\partial u}{\partial z}\right)_p+\left(\frac{\partial w}{\partial x}\right)_p\end{cases}\tag{3.40}$$

2）模型几何方程为

$$\begin{cases}(\varepsilon_x)_m=\left(\frac{\partial u}{\partial x}\right)_m; \quad (\gamma_{xy})_m=\left(\frac{\partial u}{\partial y}\right)_m+\left(\frac{\partial v}{\partial x}\right)_m\\(\varepsilon_y)_m=\left(\frac{\partial v}{\partial y}\right)_m; \quad (\gamma_{yz})_m=\left(\frac{\partial v}{\partial z}\right)_m+\left(\frac{\partial w}{\partial y}\right)_m\\(\varepsilon_z)_m=\left(\frac{\partial w}{\partial z}\right)_m; \quad (\gamma_{zx})_m=\left(\frac{\partial u}{\partial z}\right)_m+\left(\frac{\partial w}{\partial x}\right)_m\end{cases}\tag{3.41}$$

将相似常数 C_ε、C_δ、C_l 代入式（3.40）得

$$\begin{cases}\frac{C_\varepsilon C_l}{C_\delta}(\varepsilon_x)_m=\left(\frac{\partial u}{\partial x}\right)_m; \quad \frac{C_\varepsilon C_l}{C_\delta}(\gamma_{xy})_m=\left(\frac{\partial u}{\partial y}\right)_m+\left(\frac{\partial v}{\partial x}\right)_m\\\frac{C_\varepsilon C_l}{C_\delta}(\varepsilon_y)_m=\left(\frac{\partial v}{\partial y}\right)_m; \quad \frac{C_\varepsilon C_l}{C_\delta}(\gamma_{yz})_m=\left(\frac{\partial v}{\partial z}\right)_m+\left(\frac{\partial w}{\partial y}\right)_m\\\frac{C_\varepsilon C_l}{C_\delta}(\varepsilon_z)_m=\left(\frac{\partial w}{\partial z}\right)_m; \quad \frac{C_\varepsilon C_l}{C_\delta}(\gamma_{zx})_m=\left(\frac{\partial u}{\partial z}\right)_m+\left(\frac{\partial w}{\partial x}\right)_m\end{cases}\tag{3.42}$$

比较式（3.41）与式（3.42），可得相似指标为

$$\frac{C_{\varepsilon}C_{l}}{C_{\delta}}=1 \tag{3.43}$$

（3）物理方程。

1）原型物理方程为

$$\begin{cases}(\varepsilon_x)_p=\left[\dfrac{\sigma_x-\mu(\sigma_y+\sigma_z)}{E}\right]_p; & (\gamma_{xy})_p=\left[\dfrac{2(1+\mu)}{E}\tau_{xy}\right]_p \\ (\varepsilon_y)_p=\left[\dfrac{\sigma_y-\mu(\sigma_x+\sigma_z)}{E}\right]_p; & (\gamma_{yz})_p=\left[\dfrac{2(1+\mu)}{E}\tau_{yz}\right]_p \\ (\varepsilon_z)_p=\left[\dfrac{\sigma_z-\mu(\sigma_x+\sigma_y)}{E}\right]_p; & (\gamma_{zx})_p=\left[\dfrac{2(1+\mu)}{E}\tau_{zx}\right]_p\end{cases} \tag{3.44}$$

2）模型物理方程为

$$\begin{cases}(\varepsilon_x)_m=\left[\dfrac{\sigma_x-\mu_m(\sigma_y+\sigma_z)}{E}\right]_m; & (\gamma_{xy})_m=\left[\dfrac{2(1+\mu_m)}{E}\tau_{xy}\right]_m \\ (\varepsilon_y)_m=\left[\dfrac{\sigma_y-\mu_m(\sigma_x+\sigma_z)}{E}\right]_m; & (\gamma_{yz})_m=\left[\dfrac{2(1+\mu_m)}{E}\tau_{yz}\right]_m \\ (\varepsilon_z)_m=\left[\dfrac{\sigma_z-\mu_m(\sigma_x+\sigma_y)}{E}\right]_m; & (\gamma_{zx})_m=\left[\dfrac{2(1+\mu_m)}{E}\tau_{zx}\right]_m\end{cases} \tag{3.45}$$

将相似常数 C_{ε}、C_{σ}、C_{E}、C_{μ} 代入式（3.44）得

$$\begin{cases}(\varepsilon_x)_m=\dfrac{C_\sigma}{C_\varepsilon C_E}\left[\dfrac{\sigma_x-C_\mu\mu(\sigma_y+\sigma_z)}{E}\right]_m; & (\gamma_{xy})_m=\dfrac{C_\sigma}{C_\varepsilon C_E}\left[\dfrac{2(1+C_\mu\mu)}{E}\tau_{xy}\right]_m \\ (\varepsilon_y)_m=\dfrac{C_\sigma}{C_\varepsilon C_E}\left[\dfrac{\sigma_y-C_\mu\mu(\sigma_x+\sigma_z)}{E}\right]_m; & (\gamma_{yz})_m=\dfrac{C_\sigma}{C_\varepsilon C_E}\left[\dfrac{2(1+C_\mu\mu)}{E}\tau_{yz}\right]_m \\ (\varepsilon_z)_m=\dfrac{C_\sigma}{C_\varepsilon C_E}\left[\dfrac{\sigma_z-C_\mu\mu(\sigma_x+\sigma_y)}{E}\right]_m; & (\gamma_{zx})_m=\dfrac{C_\sigma}{C_\varepsilon C_E}\left[\dfrac{2(1+C_\mu\mu)}{E}\tau_{zx}\right]_m\end{cases} \tag{3.46}$$

比较式（3.45）与式（3.46），可得相似指标为

$$\frac{C_\sigma}{C_\varepsilon C_E}=1;\quad C_\mu=1 \tag{3.47}$$

2. 边界条件

（1）原型边界条件为

$$\begin{cases}(\bar{\sigma}_x)_p=(\sigma_x)_p l+(\sigma_{xy})_p m+(\sigma_{zx})_p n \\ (\bar{\sigma}_y)_p=(\sigma_{xy})_p l+(\sigma_y)_p m+(\sigma_{zy})_p n \\ (\bar{\sigma}_z)_p=(\sigma_{zx})_p l+(\sigma_{zy})_p m+(\sigma_z)_p n\end{cases} \tag{3.48}$$

（2）模型边界条件为

$$\begin{cases}(\bar{\sigma}_x)_m=(\sigma_x)_m l+(\sigma_{xy})_m m+(\sigma_{zx})_m n\\(\bar{\sigma}_y)_m=(\sigma_{xy})_m l+(\sigma_y)_m m+(\sigma_{zy})_m n\\(\bar{\sigma}_z)_m=(\sigma_{zx})_m l+(\sigma_{zy})_m m+(\sigma_z)_m n\end{cases}\tag{3.49}$$

将相似常数 $C_{\bar{\sigma}}$、C_σ 代入式（3.48）得

$$\begin{cases}\left(\dfrac{C_{\bar{\sigma}}}{C_\sigma}\right)(\bar{\sigma}_x)_m=(\sigma_x)_m l+(\sigma_{xy})_m m+(\sigma_{zx})_m n\\\left(\dfrac{C_{\bar{\sigma}}}{C_\sigma}\right)(\bar{\sigma}_y)_m=(\sigma_{xy})_m l+(\sigma_y)_m m+(\sigma_{zy})_m n\\\left(\dfrac{C_{\bar{\sigma}}}{C_\sigma}\right)(\bar{\sigma}_z)_m=(\sigma_{zx})_m l+(\sigma_{zy})_m m+(\sigma_z)_m n\end{cases}\tag{3.50}$$

比较式（3.49）与式（3.50），可得相似指标为

$$\frac{C_{\bar{\sigma}}}{C_\sigma}=1\tag{3.51}$$

可见，当模型满足相似关系式（3.39）、式（3.43）、式（3.47）和式（3.51）时，原型与模型的平衡方程、相容方程、几何方程、边界条件和物理方程将恒等。把这些式子称为模型弹性阶段的相似判据。

3. 相似关系在重力坝模型中的应用

重力坝承受的主要荷载是水压力、扬压力和坝体自重，水压力和扬压力是以面力形式作用，自重是以体积力形式作用，则有

$$\begin{cases}\bar{\sigma}_p=\gamma_p h_p;\quad \bar{\sigma}_m=\gamma_m h_m\\C_{\bar{\sigma}}=C_\gamma C_l\\X_p=\rho_p g;\quad X_m=\rho_m g\\C_x=C_\rho\end{cases}\tag{3.52}$$

根据式（3.39）、式（3.43）、式（3.47）和式（3.51），可得重力坝模型试验的相似关系为

$$\begin{cases}C_\mu=1\\C_\gamma=C_\rho\\C_\sigma=C_\gamma C_l\\C_\varepsilon=C_\gamma C_l/C_E\\C_\delta=C_\gamma C_l^2/C_E\end{cases}\tag{3.53}$$

式中　σ、τ——正应力及剪应力；

u、v 和 w——相应于直角坐标系 X、Y 和 Z 方向的位移；

ε——正应变；

γ——剪应变。

l、m、n 为方向余弦，X、Y、Z 为体力，下标 m 表示模型，下标 p 表示原型，E_m、μ_m 为模型材料的弹性模量和波桑比，G_m 为其剪切弹性模量，且

$$G_m = \frac{E_m}{2(1+\mu_m)}$$

其中 C_i 为原型和模型间相同的物理量之比称为相似常数，见 3.3.4 节中的内容。

3.5.2 塑性阶段的相似关系

模型受力超出弹性阶段后，在塑性阶段的应力、应变依然要遵循平衡方程、几何方程和边界条件，因此，由平衡方程、几何方程和边界条件推导的相似关系式（3.39）、式（3.43）和式（3.51）在塑性阶段依然适用。但由于在塑性阶段，应力、应变之间的关系不再服从弹性阶段的虎克定律，因而需按塑性阶段的物理方程推导相应的相似关系。此外，破坏试验还要求模型的强度特性也应与原型相似。

1. 物理方程

（1）原型的物理方程为

$$\begin{cases} (\varepsilon_x - \varepsilon_0)_p = \left\{\dfrac{1+\mu}{E[1-\phi(\bar{\varepsilon})]}(\sigma_x - \sigma_0)\right\}_p; \quad (\gamma_{xy})_p = \left\{\dfrac{2(1+\mu)}{E[1-\phi(\bar{\varepsilon})]}\tau_{xy}\right\}_p \\ (\varepsilon_y - \varepsilon_0)_p = \left\{\dfrac{1+\mu}{E[1-\phi(\bar{\varepsilon})]}(\sigma_y - \sigma_0)\right\}_p; \quad (\gamma_{yz})_p = \left\{\dfrac{2(1+\mu)}{E[1-\phi(\bar{\varepsilon})]}\tau_{yz}\right\}_p \\ (\varepsilon_z - \varepsilon_0)_p = \left\{\dfrac{1+\mu}{E[1-\phi(\bar{\varepsilon})]}(\sigma_z - \sigma_0)\right\}_p; \quad (\gamma_{zx})_p = \left\{\dfrac{2(1+\mu)}{E[1-\phi(\bar{\varepsilon})]}\tau_{zx}\right\}_p \end{cases} \tag{3.54}$$

式中 ε_0——体积应变；

σ_0——体积应力；

$\phi(\bar{\varepsilon})$——应变函数。

（2）模型的物理方程为

$$\begin{cases} (\varepsilon_x - \varepsilon_0)_m = \left\{\dfrac{1+\mu}{E[1-\phi(\bar{\varepsilon})]}(\sigma_x - \sigma_0)\right\}_m; \quad (\gamma_{xy})_m = \left\{\dfrac{2(1+\mu)}{E[1-\phi(\bar{\varepsilon})]}\tau_{xy}\right\}_m \\ (\varepsilon_y - \varepsilon_0)_m = \left\{\dfrac{1+\mu}{E[1-\phi(\bar{\varepsilon})]}(\sigma_y - \sigma_0)\right\}_m; \quad (\gamma_{yz})_m = \left\{\dfrac{2(1+\mu)}{E[1-\phi(\bar{\varepsilon})]}\tau_{yz}\right\}_m \\ (\varepsilon_z - \varepsilon_0)_m = \left\{\dfrac{1+\mu}{E[1-\phi(\bar{\varepsilon})]}(\sigma_z - \sigma_0)\right\}_m; \quad (\gamma_{zx})_m = \left\{\dfrac{2(1+\mu)}{E[1-\phi(\bar{\varepsilon})]}\tau_{zx}\right\}_m \end{cases} \tag{3.55}$$

将相似常数 C_ε、C_σ、C_E、C_μ 代入式（3.54）得

$$\begin{cases}(\varepsilon_x-\varepsilon_0)_m=\dfrac{C_\sigma}{C_\varepsilon C_E}\left\{\dfrac{1+C_\mu\mu}{E[1-\phi(C_\varepsilon\bar{\varepsilon})]}(\sigma_x-\sigma_0)\right\}_m;\ (\gamma_{xy})_m=\dfrac{C_\sigma}{C_\varepsilon C_E}\left\{\dfrac{2(1+C_\mu\mu)}{E[1-\phi(C_\varepsilon\bar{\varepsilon})]}\tau_{xy}\right\}_m\\(\varepsilon_y-\varepsilon_0)_m=\dfrac{C_\sigma}{C_\varepsilon C_E}\left\{\dfrac{1+C_\mu\mu}{E[1-\phi(C_\varepsilon\bar{\varepsilon})]}(\sigma_y-\sigma_0)\right\}_m;\ (\gamma_{yz})_m=\dfrac{C_\sigma}{C_\varepsilon C_E}\left\{\dfrac{2(1+C_\mu\mu)}{E[1-\phi(C_\varepsilon\bar{\varepsilon})]}\tau_{yz}\right\}_m\\(\varepsilon_z-\varepsilon_0)_m=\dfrac{C_\sigma}{C_\varepsilon C_E}\left\{\dfrac{1+C_\mu\mu}{E[1-\phi(C_\varepsilon\bar{\varepsilon})]}(\sigma_z-\sigma_0)\right\}_m;\ (\gamma_{zx})_m=\dfrac{C_\sigma}{C_\varepsilon C_E}\left\{\dfrac{2(1+C_\mu\mu)}{E[1-\phi(C_\varepsilon\bar{\varepsilon})]}\tau_{zx}\right\}_m\end{cases}\tag{3.56}$$

比较式（3.54）与式（3.56）可得相似指标为

$$\begin{cases}C_\varepsilon=1\\C_\mu=1\\C_\sigma=C_E\end{cases}\tag{3.57}$$

其中，$C_\varepsilon=1$ 的物理意义是使模型的变形与原型的变形保持几何相似，即模型的破坏形态与原型的破坏形态满足几何相似。

2. 强度特性

模型自加载开始直至破坏的整个过程中，模型材料的强度特性，即应力-应变曲线和强度包络线与原型材料相似，如图3.2和图3.3所示。

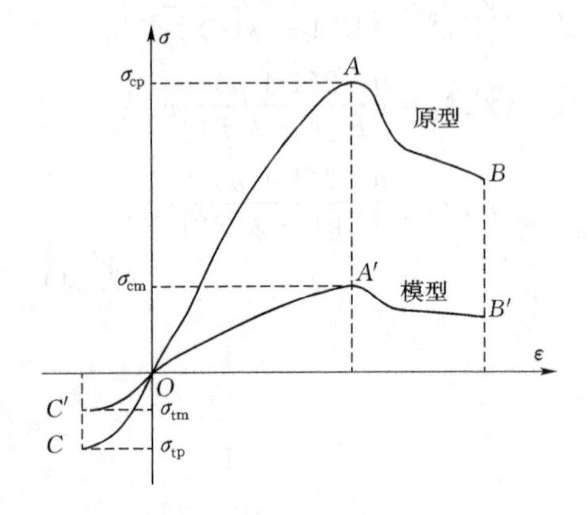

图3.2　应力-应变曲线的相似

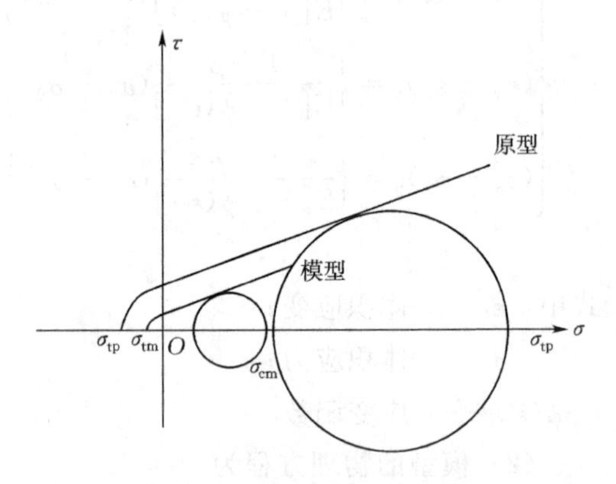

图3.3　强度包络线的相似

根据应力、应变的相似关系，模型材料的应力-应变曲线是原型材料应力-应变曲线在纵坐标方向缩小 C_σ 倍、在横坐标方向保持不变（$C_\varepsilon=1$）得到的；模型材料的强度包络线是原型材料强度包络线在纵、横坐标方向均缩小 C_σ 倍得到的。这表明模型材料的抗拉 $C_{\sigma t}$、抗压 $C_{\sigma c}$、抗剪强度 C_τ 都与原型材料的强度相似，即

$$C_{\sigma c}=C_{\sigma t}=C_\tau=C_\sigma\tag{3.58}$$

根据库仑（Coulomb）强度理论，抗剪断强度 $\tau = c' + f'\sigma$，则抗剪断凝聚力 c'和抗剪断摩擦系数 f'存在以下的相似关系：

$$C_c = C_\sigma; \quad C_f = 1 \tag{3.59}$$

通过式（3.58）和式（3.59），可使岩体和地基中各构造面或软弱夹层的抗拉、抗压、抗剪断强度满足相似，从而达到通过破坏试验研究原型破坏机理的目的。

3.6 胶凝砂砾石材料坝模型试验理论

由力学理论可知，影响物理现象发生的各物理量之间存在相互关系，各相关物理量不能建立独立的相似关系，而要受到弹性力学或弹塑性力学基本方程的约束。根据相似理论，原型与模型相似的必要条件是描述原型与模型力学现象的数学方程应相同，相似指标应等于 1。由此，可从弹性力学和弹塑性力学的基本方程出发，推导出各相似指标和相似条件。只有满足了这些相似条件，模型的力学现象才会与原型的力学现象相似。模型内所有点均应满足弹性力学的几个基本方程和边界条件。

3.6.1 基本方程及边界条件

1. 基本方程

（1）平衡方程。

1）原型的平衡方程为

$$\begin{cases} \left(\dfrac{\partial \sigma_x}{\partial x}\right)_p + \left(\dfrac{\partial \sigma_{yx}}{\partial y}\right)_p + \left(\dfrac{\partial \sigma_{zx}}{\partial z}\right)_p + X_p = 0 \\ \left(\dfrac{\partial \sigma_y}{\partial y}\right)_p + \left(\dfrac{\partial \sigma_{zy}}{\partial z}\right)_p + \left(\dfrac{\partial \sigma_{xy}}{\partial x}\right)_p + Y_p = 0 \\ \left(\dfrac{\partial \sigma_z}{\partial z}\right)_p + \left(\dfrac{\partial \sigma_{xz}}{\partial x}\right)_p + \left(\dfrac{\partial \sigma_{yz}}{\partial y}\right)_p + Z_p = 0 \end{cases} \tag{3.60}$$

2）模型的平衡方程为

$$\begin{cases} \left(\dfrac{\partial \sigma_x}{\partial x}\right)_m + \left(\dfrac{\partial \sigma_{yx}}{\partial y}\right)_m + \left(\dfrac{\partial \sigma_{zx}}{\partial z}\right)_m + X_m = 0 \\ \left(\dfrac{\partial \sigma_y}{\partial y}\right)_m + \left(\dfrac{\partial \sigma_{zy}}{\partial z}\right)_m + \left(\dfrac{\partial \sigma_{xy}}{\partial x}\right)_m + Y_m = 0 \\ \left(\dfrac{\partial \sigma_z}{\partial z}\right)_m + \left(\dfrac{\partial \sigma_{xz}}{\partial x}\right)_m + \left(\dfrac{\partial \sigma_{yz}}{\partial y}\right)_m + Z_m = 0 \end{cases} \tag{3.61}$$

将相似常数 C_σ、C_l、C_X 代入得

$$\begin{cases}\left(\dfrac{\partial\sigma_x}{\partial x}\right)_{\mathrm{m}}+\left(\dfrac{\partial\sigma_{yx}}{\partial y}\right)_{\mathrm{m}}+\left(\dfrac{\partial\sigma_{zx}}{\partial z}\right)_{\mathrm{m}}+\dfrac{C_X C_l}{C_\sigma}X_{\mathrm{m}}=0\\ \left(\dfrac{\partial\sigma_y}{\partial y}\right)_{\mathrm{m}}+\left(\dfrac{\partial\sigma_{zy}}{\partial z}\right)_{\mathrm{m}}+\left(\dfrac{\partial\sigma_{xy}}{\partial x}\right)_{\mathrm{m}}+\dfrac{C_X C_l}{C_\sigma}Y_{\mathrm{m}}=0\\ \left(\dfrac{\partial\sigma_z}{\partial z}\right)_{\mathrm{m}}+\left(\dfrac{\partial\sigma_{xz}}{\partial x}\right)_{\mathrm{m}}+\left(\dfrac{\partial\sigma_{yz}}{\partial y}\right)_{\mathrm{m}}+\dfrac{C_X C_l}{C_\sigma}Z_{\mathrm{m}}=0\end{cases}\tag{3.62}$$

比较式（3.61）与式（3.62），可得相似指标为

$$\frac{C_x C_l}{C_\sigma}=1\tag{3.63}$$

（2）几何方程。

1）原型几何方程为

$$\begin{cases}(\varepsilon_x)_{\mathrm{p}}=\left(\dfrac{\partial u}{\partial x}\right)_{\mathrm{p}};\quad(\gamma_{xy})_{\mathrm{p}}=\left(\dfrac{\partial u}{\partial y}\right)_{\mathrm{p}}+\left(\dfrac{\partial v}{\partial x}\right)_{\mathrm{p}}\\ (\varepsilon_y)_{\mathrm{p}}=\left(\dfrac{\partial v}{\partial y}\right)_{\mathrm{p}};\quad(\gamma_{yz})_{\mathrm{p}}=\left(\dfrac{\partial v}{\partial z}\right)_{\mathrm{p}}+\left(\dfrac{\partial w}{\partial y}\right)_{\mathrm{p}}\\ (\varepsilon_z)_{\mathrm{p}}=\left(\dfrac{\partial w}{\partial z}\right)_{\mathrm{p}};\quad(\gamma_{zx})_{\mathrm{p}}=\left(\dfrac{\partial u}{\partial z}\right)_{\mathrm{p}}+\left(\dfrac{\partial w}{\partial x}\right)_{\mathrm{p}}\end{cases}\tag{3.64}$$

2）模型几何方程为

$$\begin{cases}(\varepsilon_x)_{\mathrm{m}}=\left(\dfrac{\partial u}{\partial x}\right)_{\mathrm{m}};\quad(\gamma_{xy})_{\mathrm{m}}=\left(\dfrac{\partial u}{\partial y}\right)_{\mathrm{m}}+\left(\dfrac{\partial v}{\partial x}\right)_{\mathrm{m}}\\ (\varepsilon_y)_{\mathrm{m}}=\left(\dfrac{\partial v}{\partial y}\right)_{\mathrm{m}};\quad(\gamma_{yz})_{\mathrm{m}}=\left(\dfrac{\partial v}{\partial z}\right)_{\mathrm{m}}+\left(\dfrac{\partial w}{\partial y}\right)_{\mathrm{m}}\\ (\varepsilon_z)_{\mathrm{m}}=\left(\dfrac{\partial w}{\partial z}\right)_{\mathrm{m}};\quad(\gamma_{zx})_{\mathrm{m}}=\left(\dfrac{\partial u}{\partial z}\right)_{\mathrm{m}}+\left(\dfrac{\partial w}{\partial x}\right)_{\mathrm{m}}\end{cases}\tag{3.65}$$

将相似常数 C_ε、C_δ、C_l 代入得

$$\begin{cases}\dfrac{C_\varepsilon C_l}{C_\delta}(\varepsilon_x)_{\mathrm{m}}=\left(\dfrac{\partial u}{\partial x}\right)_{\mathrm{m}};\quad\dfrac{C_\varepsilon C_l}{C_\delta}(\gamma_{xy})_{\mathrm{m}}=\left(\dfrac{\partial u}{\partial y}\right)_{\mathrm{m}}+\left(\dfrac{\partial v}{\partial x}\right)_{\mathrm{m}}\\ \dfrac{C_\varepsilon C_l}{C_\delta}(\varepsilon_y)_{\mathrm{m}}=\left(\dfrac{\partial v}{\partial y}\right)_{\mathrm{m}};\quad\dfrac{C_\varepsilon C_l}{C_\delta}(\gamma_{yz})_{\mathrm{m}}=\left(\dfrac{\partial v}{\partial z}\right)_{\mathrm{m}}+\left(\dfrac{\partial w}{\partial y}\right)_{\mathrm{m}}\\ \dfrac{C_\varepsilon C_l}{C_\delta}(\varepsilon_z)_{\mathrm{m}}=\left(\dfrac{\partial w}{\partial z}\right)_{\mathrm{m}};\quad\dfrac{C_\varepsilon C_l}{C_\delta}(\gamma_{zx})_{\mathrm{m}}=\left(\dfrac{\partial u}{\partial z}\right)_{\mathrm{m}}+\left(\dfrac{\partial w}{\partial x}\right)_{\mathrm{m}}\end{cases}\tag{3.66}$$

比较式（3.65）与式（3.66），可得相似指标为

$$\frac{C_\varepsilon C_l}{C_\delta}=1\tag{3.67}$$

（3）物理方程。

1）原型物理方程为

$$\begin{cases}(\varepsilon_x)_p=\left[\dfrac{\sigma_x-\mu(\sigma_y+\sigma_z)}{E}\right]_p; & (\gamma_{xy})_p=\left[\dfrac{2(1+\mu)}{E}\tau_{xy}\right]_p \\ (\varepsilon_y)_p=\left[\dfrac{\sigma_y-\mu(\sigma_x+\sigma_z)}{E}\right]_p; & (\gamma_{yz})_p=\left[\dfrac{2(1+\mu)}{E}\tau_{yz}\right]_p \\ (\varepsilon_z)_p=\left[\dfrac{\sigma_z-\mu(\sigma_x+\sigma_y)}{E}\right]_p; & (\gamma_{zx})_p=\left[\dfrac{2(1+\mu)}{E}\tau_{zx}\right]_p\end{cases} \tag{3.68}$$

2）模型物理方程为

$$\begin{cases}(\varepsilon_x)_m=\left[\dfrac{\sigma_x-\mu_m(\sigma_y+\sigma_z)}{E}\right]_m; & (\gamma_{xy})_m=\left[\dfrac{2(1+\mu_m)}{E}\tau_{xy}\right]_m \\ (\varepsilon_y)_m=\left[\dfrac{\sigma_y-\mu_m(\sigma_x+\sigma_z)}{E}\right]_m; & (\gamma_{yz})_m=\left[\dfrac{2(1+\mu_m)}{E}\tau_{yz}\right]_m \\ (\varepsilon_z)_m=\left[\dfrac{\sigma_z-\mu_m(\sigma_x+\sigma_y)}{E}\right]_m; & (\gamma_{zx})_m=\left[\dfrac{2(1+\mu_m)}{E}\tau_{zx}\right]_m\end{cases} \tag{3.69}$$

将相似常数 C_ε、C_σ、C_E、C_μ 代入得

$$\begin{cases}(\varepsilon_x)_m=\dfrac{C_\sigma}{C_\varepsilon C_E}\left[\dfrac{\sigma_x-C_\mu\mu(\sigma_y+\sigma_z)}{E}\right]_m; & (\gamma_{xy})_m=\dfrac{C_\sigma}{C_\varepsilon C_E}\left[\dfrac{2(1+C_\mu\mu)}{E}\tau_{xy}\right]_m \\ (\varepsilon_y)_m=\dfrac{C_\sigma}{C_\varepsilon C_E}\left[\dfrac{\sigma_y-C_\mu\mu(\sigma_x+\sigma_z)}{E}\right]_m; & (\gamma_{yz})_m=\dfrac{C_\sigma}{C_\varepsilon C_E}\left[\dfrac{2(1+C_\mu\mu)}{E}\tau_{yz}\right]_m \\ (\varepsilon_z)_m=\dfrac{C_\sigma}{C_\varepsilon C_E}\left[\dfrac{\sigma_z-C_\mu\mu(\sigma_x+\sigma_y)}{E}\right]_m; & (\gamma_{zx})_m=\dfrac{C_\sigma}{C_\varepsilon C_E}\left[\dfrac{2(1+C_\mu\mu)}{E}\tau_{zx}\right]_m\end{cases} \tag{3.70}$$

比较式（3.69）与式（3.70），可得相似指标为

$$\frac{C_\sigma}{C_\varepsilon C_E}=1;\quad C_\mu=1 \tag{3.71}$$

2. 边界条件

（1）原型边界条件为

$$\begin{cases}(\bar{\sigma}_x)_p=(\sigma_x)_p l+(\sigma_{xy})_p m+(\sigma_{zx})_p n \\ (\bar{\sigma}_y)_p=(\sigma_{xy})_p l+(\sigma_y)_p m+(\sigma_{zy})_p n \\ (\bar{\sigma}_z)_p=(\sigma_{zx})_p l+(\sigma_{zy})_p m+(\sigma_z)_p n\end{cases} \tag{3.72}$$

（2）模型边界条件为

$$\begin{cases}(\bar{\sigma}_x)_m=(\sigma_x)_m l+(\sigma_{xy})_m m+(\sigma_{zx})_m n \\ (\bar{\sigma}_y)_m=(\sigma_{xy})_m l+(\sigma_y)_m m+(\sigma_{zy})_m n \\ (\bar{\sigma}_z)_m=(\sigma_{zx})_m l+(\sigma_{zy})_m m+(\sigma_z)_m n\end{cases} \tag{3.73}$$

将相似常数 $C_{\bar{\sigma}}$、C_σ 代入得

$$\begin{cases}\left(\dfrac{C_{\bar{\sigma}}}{C_{\sigma}}\right)(\bar{\sigma}_x)_{\mathrm{m}}=(\sigma_x)_{\mathrm{m}}l+(\sigma_{xy})_{\mathrm{m}}m+(\sigma_{zx})_{\mathrm{m}}n\\ \left(\dfrac{C_{\bar{\sigma}}}{C_{\sigma}}\right)(\bar{\sigma}_y)_{\mathrm{m}}=(\sigma_{xy})_{\mathrm{m}}l+(\sigma_y)_{\mathrm{m}}m+(\sigma_{zy})_{\mathrm{m}}n\\ \left(\dfrac{C_{\bar{\sigma}}}{C_{\sigma}}\right)(\bar{\sigma}_z)_{\mathrm{m}}=(\sigma_{zx})_{\mathrm{m}}l+(\sigma_{zy})_{\mathrm{m}}m+(\sigma_z)_{\mathrm{m}}n\end{cases}\tag{3.74}$$

比较式（3.73）与式（3.74），可得相似指标为

$$\frac{C_{\bar{\sigma}}}{C_{\sigma}}=1\tag{3.75}$$

可见当模型满足相似关系式（3.63）、式（3.67）、式（3.71）和式（3.75）时，原型与模型的平衡方程、相容方程、几何方程、边界条件和物理方程将恒等。这些公式称为模型弹性阶段的相似判据。

3.6.2　相似关系在胶凝砂砾石材料坝模型中的应用

胶凝砂砾石材料坝承受的主要荷载是水压力、扬压力和坝体自重，水压力和扬压力是以面力形式作用，自重是以体积力形式作用，则有

$$\begin{cases}\bar{\sigma}_{\mathrm{p}}=\gamma_{\mathrm{p}}h_{\mathrm{p}};\quad \bar{\sigma}_{\mathrm{m}}=\gamma_{\mathrm{m}}h_{\mathrm{m}}\\ C_{\bar{\sigma}}=C_{\gamma}C_l\\ X_{\mathrm{p}}=\rho_{\mathrm{p}}g;\quad X_{\mathrm{m}}=\rho_{\mathrm{m}}g\\ C_x=C_{\rho}\end{cases}\tag{3.76}$$

根据式（3.63）、式（3.67）、式（3.71）和式（3.75），可得模型试验的相似关系为

$$\begin{cases}C_{\mu}=1\\ C_{\gamma}=C_{\rho}\\ C_{\sigma}=C_{\gamma}C_l\\ C_{\varepsilon}=C_{\gamma}C_l/C_{\mathrm{E}}\\ C_{\delta}=C_{\gamma}C_l^2/C_{\mathrm{E}}\end{cases}\tag{3.77}$$

式中　σ、τ——正应力及剪应力；

u、v 和 w——相应于直角坐标系 X、Y 和 Z 方向的位移；

ε——正应变；

γ——剪应变。

l、m、n 为方向余弦，X、Y、Z 为体力，下标 m 表示模型，下标 p 表示原型，E_{m}、μ_{m} 为模型材料的弹性模量和泊松比。

3.7 胶凝砂砾石坝模型相似材料选取

3.7.1 模型材料试验材料的基本要求

模型试验在各试验阶段，即应力阶段和破坏阶段，由于结构受力情况存在差异，研究弹性范围内线弹性应力模型，与研究超出弹性范围直至破坏的弹塑性模型试验，对模型的相似要求、试验研究目的有着不同的材料要求。而在满足量测仪器的精度和便于模型加工制作等方面，两者对模型材料的要求存在相同之处。

（1）模型材料满足各向同性和连续性，与原型材料的物理、力学性能相似，且在正常荷载下无明显残余变形。

（2）两者泊松比相等或至少相近。

（3）要求模型材料的弹性模量应有较大的可调范围，以供选择，并且能满足试验要求的强度和承载能力。

（4）模型材料具有较好的和易性，便于制模、施工和修补。物理、力学、化学、热学等性能稳定，受时间、温度、湿度等变化的影响小。

（5）材源丰富，价格便宜，容易购买。

其中，应力模型对材料的特殊要求如下：

（1）混凝土和石膏等模型材料在较小应力范围内存在非弹线性残余应变，重复多次加载、卸载，其应力-应变才趋于直线。选择材料弹性模量大于 2.0×10^3MPa 时，非弹性变形影响微小，可以忽略不计；小于 2.0×10^3MPa 时，可以通过模型测试前反复多次预压降低其影响。

（2）泊松比对应力应变影响较大，而结构应力模型以测应力应变为主要目的，对泊松比要求则更高。混凝土结构的泊松比为 0.17 左右，模型材料也应使其尽量接近 0.17。

3.7.2 材料的选择

在前文已有胶凝砂砾石材料力学特性研究成果基础上，模拟胶凝砂砾石模型材料力学特性，本次试验选用粗砂模拟原型粗骨料，重晶石粉作为填充料模拟原型细骨料，选择石膏粉、水泥作为胶凝材料，通过石膏含量及水膏比控制材料强度，水泥掺量改变材料弹模，选择铁粉作为掺合料，改变模型材料的容重。模型材料中多余水分在干燥过程中蒸发出来，可以使石膏块体内部形成很多微小的气孔，以此特点模拟原型材料孔隙特征[135]。

弹塑性模型即结构模型破坏试验中，当试验在超载阶段，材料已超出其弹性范围，进入弹塑性阶段，此时试验测得的应变不能用来换算成应力，但可以作为判断结构安全度和开裂破坏的参考依据，从定性的角度去分析结构物的变形破坏特征。

本次试验的目标重度相似比 $C_\gamma=1$，几何相似比 $C_L=100$。根据胶凝砂砾石材料坝已知力学参数及目标相似比，得出配制相似材料的目标参数，见表3.2。

表3.2　　　　材料物理力学目标参数

参　数	容重 γ /(kN/m³)	弹性模量 E /MPa	抗压强度 /MPa	内摩擦角 ϕ /(°)	凝聚力 c /kPa	泊松比 μ
原型材料（守口堡坝）	22.8～26.3	4500～5200	8.2～15.1	28～38	476～710	0.2
模型材料（换算值）	22.8～26.3	45～52	0.08～0.15	28～38	4.76～7.1	0.2

模型材料试验采用四因素四水平正交试验方法[136-137]，共设置A、B、C、D四个因素，因数A为铁粉掺量占材料总量的比值（%）、因数B为石膏掺量占材料总量的比值（%）、因素C为石膏掺量/水泥掺量、因素D为粗砂掺量/重晶石粉。材料配合过程，水分阶段加入，以搅拌过程中相似材料呈现可塑状态且具有一定流动性确定用水量。正交设计详见表3.3。

表3.3　　　　相似材料正交设计

水平组数	因数A	因数B	因数C	因数D
	铁粉掺量/%	石膏掺量/%	石膏：水泥	粗砂：重晶石粉
1	5	10	1：1	1：1
2	10	15	2：1	2：1
3	15	20	3：1	3：1
4	20	25	4：1	4：1

模型材料试验设计正交配比方案16组，成型试件144个，系统全面测试模型材料力学参数。结果表明：当铁粉掺量10%、石膏掺量20%、石膏：水泥=2：1、粗砂：重晶石粉=3：1配比时，模型材料参数，最接近试验目标值，具体数值见表3.4，如图3.4和图3.5所示。

图3.4　模型相似材料试验过程

表 3.4 材料物理力学试验参数

参数	容重 γ /(kN/m³)	弹性模量 E /MPa	抗压强度 /MPa	内摩擦角 ϕ /(°)	凝聚力 c /kPa	泊松比 μ
原型材料（守口堡坝）	22.8～26.3	4500～5200	8.2～15.1	28～38	476～710	0.2
模型材料（试验值）	23.5	46.02	0.11	32	5.12	0.2

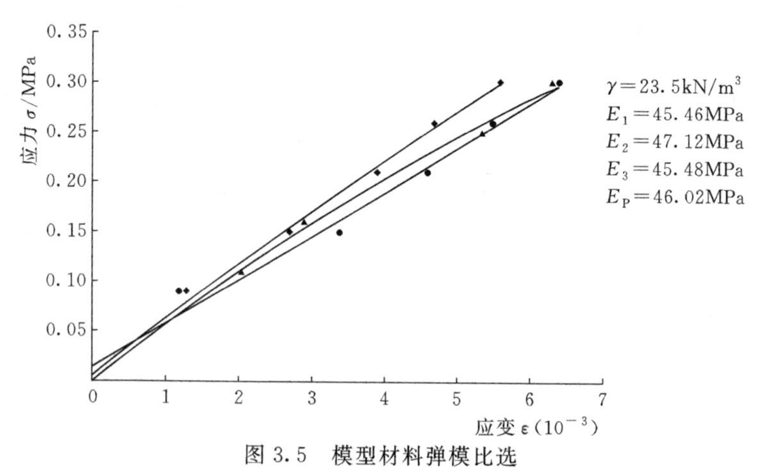

图 3.5 模型材料弹模比选

（附：变模的计算方法取试件最大应力的一半，根据曲线找出相应的应变，以此最大应力的一半除以该应变，就得所求的变模。）

3.8 小结

（1）基于传统模型试验方法，介绍了模型试验相似理论、相似分析方法，结合胶凝砂砾石坝特点，开展胶凝砂砾石坝模型试验相似理论研究，根据平衡方程、物理方程、几何方程及边界条件，推导胶凝砂砾石材料模型相似准则，建立模型相似判据。

（2）以山西守口堡胶凝砂砾石材料坝为原型，阐述了胶凝砂砾石模型材料的选取步骤，研制出粗砂、重晶石粉、石膏粉、水泥、铁粉混合而成的模型相似材料。当铁粉掺量 10%、石膏掺量 20%、石膏∶水泥＝2∶1、粗砂∶重晶石粉＝3∶1 配比时，模型材料物理力学参数，最接近原型目标值。

第4章　胶凝砂砾石坝结构模型试验

4.1　守口堡胶凝砂砾石坝概化模拟

本次坝体模型试验参考山西守口堡水库胶凝砂砾石材料坝原型设计，并对其进行概化模拟[138-142]，原型坝体参数：最大坝高为61.6m，顶宽为6m，上下边坡为1：0.6，水泥用量为50kg/m³，粉煤灰掺量40kg/m³。坝基容重22.0kN/m³，弹模7GPa，泊松比0.24；坝体容重23.5kN/m³，弹模4.6GPa，泊松比0.20。

（1）根据前文，胶凝砂砾石材料坝相似判据有

1）$C_\sigma / C_X C_l = 1$。

2）$C_\mu = 1$。

3）$C_\varepsilon C_E / C_\sigma = 1$。

4）$C_\varepsilon C_l / C_\delta = 1$。

5）$C_{\bar{\sigma}} / C_\sigma = 1$。

（2）其中，坝在自重和水压力作用下的相似判据有

1）$C_\gamma = C_\rho$。

2）$C_\sigma = C_\gamma C_l$。

3）$C_\varepsilon = C_\gamma C_l / C_E$。

4）$C_\delta = C_\gamma C_l^2 / C_E$。

（3）模型几何相似常数 C_l 定为100，可确定其余相似指标，各相似常数见表4.1。

1）几何相似常数：$C_l = 100$。

2）容重相似常数：$C_\gamma = 1$。

3）泊桑比相似常数：$C_\mu = 1.0$。

4）应变相似常数：$C_\varepsilon = 1.0$。

5）应力相似常数：$C_\sigma = C_\gamma C_l = 100$。

6）位移相似常数：$C_\delta = C_l = 100$。

7）荷载相似常数：$C_f = C_\gamma C_l^3 = 1 \times 100^3$。

8）变模相似常数：$C_E = C_\sigma = 100$。

9）摩擦系数相似常数：$C_f=1$。

10）凝聚力相似常数：$C_c=C_\sigma=1$。

在弹性阶段原型和模型材料的泊松比应该相等，即 $\mu_p=\mu_m=0.2$。

表 4.1　　模型相似参数

相似常数	C_l	C_μ	C_γ	C_ε	C_f	C_c	C_σ	C_E	C_δ	C_F
数值	100	1.0	1.0	1.0	1.0	1.0	100	100	100	1×100^3

注　各符号意义见前文。

基于模型试验测量要求及工程实际情况，坝基模拟深度为 50m，约 0.8H，上游模拟范围取 30m，约 0.5H，下游模拟范围取 150m，约 2.4H（H 为坝高）。确定模型坝体参数：坝高 61.6cm，顶宽 6cm，上下游边坡为 1∶0.6，模型坝基度 50cm，上游模型范围 30cm，下游模型范围 150cm。

4.2　模型制作

守口堡胶凝砂砾石坝模型的制作，主要有模型槽预制、坝体浇制及拼接、坝基砌筑等过程。

4.2.1　模型槽预制

模型槽主要是为模型测量提供边界约束，同时便于固定布置测量仪器。本次试验模型槽依据模型尺寸定制，预留千斤顶和位移计位置。

4.2.2　坝体浇制及拼接

坝体浇制过程如下：

（1）备料。结合守口堡大坝模型尺寸，制作坝体模具（模具略大于模型坝体，便于后期打磨）；再根据第 3 章模型材料试验配合比，预估粗砂、重晶石粉、石膏粉、水泥和铁粉的质量，进行备料。

（2）拌和。先将称重好的粗砂、重晶石粉、铁粉倒入拌和槽，让骨料掺和均匀；加入石膏粉和水泥，用铁锹翻倒 10～15 次；边翻边加水，严格控制水量，防止离析，拌和充分后材料呈现可塑状态且具有一定流动性。最后将拌和物装入模具中抹平。此时成型的模坯，尺寸比试验要求的尺寸略大一些，如图 4.1 所示。

（3）干燥脱模。模型必须干燥，达到一定的绝缘度，才能保证后期信号采集的准确性。

胶凝砂砾石坝体模型材料主要成分为石膏，石膏本身极易吸潮。本书采用红外灯板对模型材料进行烘烤，通过调节功率大小及烘烤距离，保证模型表面温度在 40℃ 左右。表面温度过高容易导致模坯表面脱皮，或是粉状，影响试验准确性。干燥脱模后，采用超声波仪检验模坯内部均匀性，备用，如图4.2所示。

图4.1 模坯浇筑成型

图4.2 模坯干燥成型

(4) 打磨成型。由于毛坯比实际模型坝体略大，且表面附着一层硬壳（油污、灰尘等），需经过打磨抛光后，与坝基拼接，连接信号采集设备。打磨过程严格质量控制，用预先制作好的样板反复校正模型表面平整度，精度控制在±3mm，确保后续加载测量的精度。

(5) 坝体黏结与拼装。把加工好的坝块首先与坝基黏接，然后进行坝块之间的分层黏接，模拟胶凝砂砾石坝分层施工的过程；黏接时清理干净黏接面，黏接时，采用定位装置，保证坝块上下层之间不产生错位。模型试验中黏接剂，一般要求满足一定的黏结度，且保证弹模与被黏接物接近。本次黏接剂选用淀粉-石膏拌和物。

4.2.3 坝基砌筑

原型守口堡坝址地基主要为裂隙发育的弱风化均质地基，本书对象侧重模型坝，揭示胶凝砂砾石材料坝坝体破坏形式，故对地基的模拟进行适当简化。采用预制石膏，模拟原型坝址均质地基。这样简化有利于抓住主要矛盾，揭露事物的本质。

4.3 模型测量系统及加载

4.3.1 模型测量系统

模型试验的测量系统分为坝体的应变测量和位移测量，主要测量坝体表面的应变和位移。

应变测量采用应变花，进行信号采集，如图4.3所示。

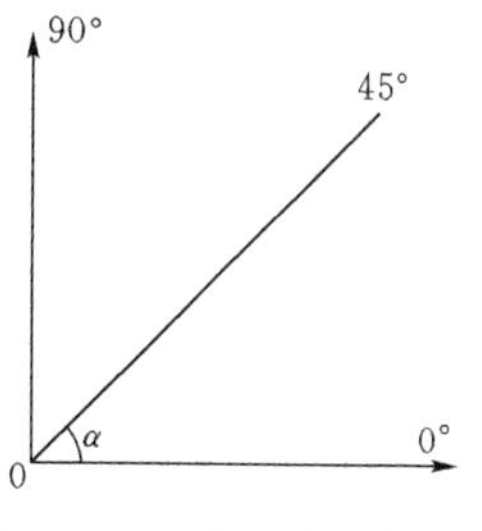

图4.3　互成45°的应变花

应力由下式求得

$$\sigma_x=\frac{E}{1-\mu^2}(\varepsilon_0+\mu\varepsilon_{90}) \tag{4.1}$$

$$\sigma_y=\frac{E}{1-\mu^2}(\varepsilon_{90}+\mu\varepsilon_0) \tag{4.2}$$

则由弹性力学公式可知，测点剪应力为

$$\varepsilon_\alpha=\frac{\varepsilon_x+\varepsilon_y}{2}+\frac{\varepsilon_x-\varepsilon_y}{2}\cos2\alpha+\frac{\gamma_{xy}}{2}\sin2\alpha \tag{4.3}$$

式中　γ_{xy}——剪应变。

当$\alpha=45°$时

$$\gamma_{xy}=2\varepsilon_{45}-(\varepsilon_0+\varepsilon_{90}) \tag{4.4}$$

由胡克定律$\tau_{xy}=G\gamma_{xy}$得

$$\tau_{xy}=G\gamma_{xy}=\frac{E}{2(1+\mu)}[2\varepsilon_{45}-(\varepsilon_0+\varepsilon_{90})] \tag{4.5}$$

其中

$$G=\frac{E}{2\ (1+\mu)}$$

以上各式中符号意义为：τ为剪应力；σ为正应力；G为剪切模量；E为弹性模量；μ为泊松比；α为第一主应力与x轴夹角。ε_0、ε_{45}、ε_{90}分别为模型测点应变花对应角度试验应变值。

由上述公式可知，由ε_0、ε_{45}、ε_{90}可以计算测点的应力。

根据相似关系式（4.6），通过试验所得的模型应力，可得转化为原型工程应力为

$$\frac{\sigma_p}{\sigma_m}=\frac{E_p}{E_m}=C_E,\ \sigma_p=C_E\sigma_m \tag{4.6}$$

分别在坝基面接近坝底1cm处，1/3坝高处布置3排应变测点，编号为1～9，10～18，19～23。在背水面坝顶，2/3坝高，1/3坝高及坝底处分别设置竖直位移传感器（编号①③⑤⑦）和水平位移传感器（编号②④⑥⑧），如图4.4所示。应变花通过信号线对应编号后，连接到数据采集仪器，如图4.5所示。

4.3.2　模型加载

本次试验主要荷载为水压力和坝体自重，坝体自重以原型、模型材料容重相等来实现。施工期，不考虑水压力影响；正常运行期，水压力以满库水位计。

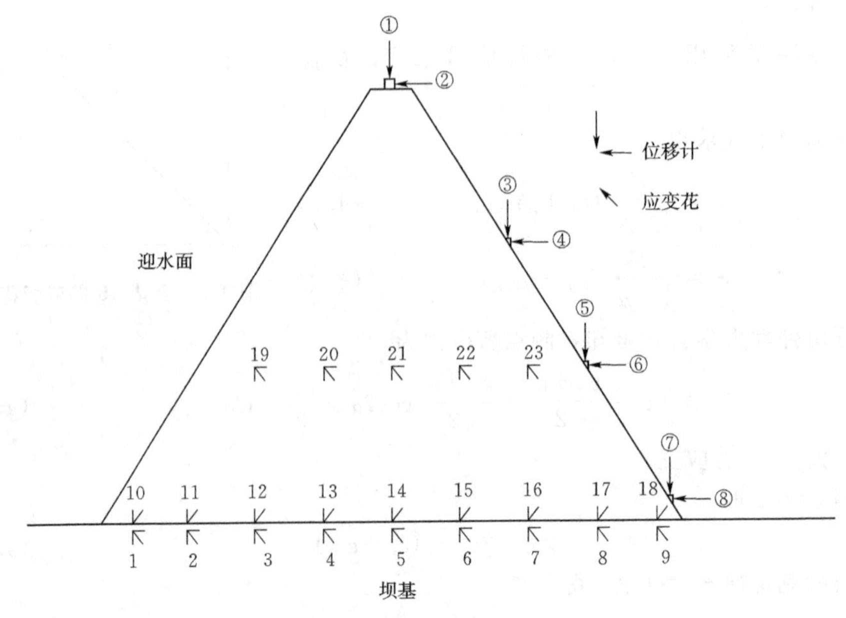

图 4.4 量测系统

图 4.5 数据采集仪器

原型所受的水荷载为单位面力，模型试验单位面力加载方法主要有液体加荷法、气压加荷法、油压千斤顶加荷法[143-145]。

(1) 液体加荷法。用液体加荷时，其作用力沿高度呈三角形分布可以较为准确地模拟水工建筑物所承受水荷载。水银，由于其容重大，故常用橡胶袋盛水银吊起，作为液体加荷。

(2) 气压加荷法。根据静水压力的分布规律，用多条气压袋在坝体表面阶梯状分布模拟静水压力的三角形分布。气压强度可以改变，但气压袋能承受的压力有限，为了安全起见，气压加荷方法，一般不用于破坏试验。

(3) 油压千斤顶加荷法。这种方法在坝体结构模型试验中采用比较广泛，其主要的优点是能够根据试验需要连续调节千斤顶出力，加载能力强、区间大。

考虑到本次模型试验，研究不同超载情况下的坝体应力应变情况，直至出现破坏，故选用加载区间大的油压千斤顶加载，如图 4.6 所示。

在模型坝体迎水面铺设钢板，千斤顶垂直加压在钢板上，通过钢板作用把点荷载转化为面荷载传递给模型坝体。以保证荷载分布均匀且方向正确，如图4.7所示。

(a)全自动高精度油压稳压器

(b)高压油泵

图4.6　油压千斤顶加载装置

4.3.3　试验数据采集

首先千斤顶与钢板稍加接触后，采集仪数据清零。再根据试验设计压力值，给千斤顶加压，加载程中保证各通道同步加载，通过油压自动加载至设定值，待采集仪上的数据基本稳定后读数并记录，再进行下一级加压，如图4.8所示。

图4.7　加载系统布置

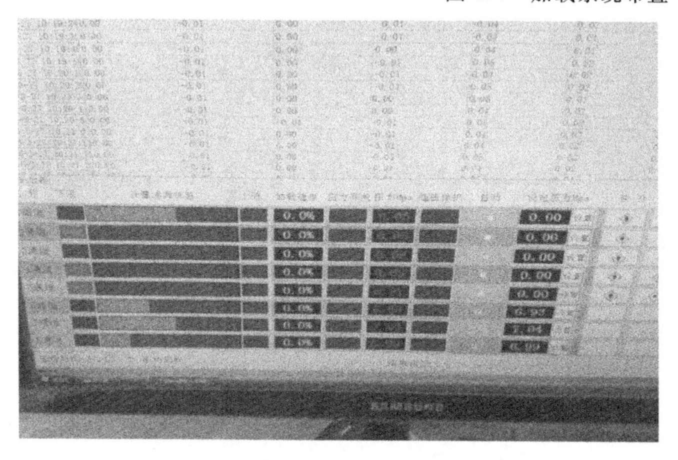

图4.8　加载及数据采集

4.4　试验结果分析

4.4.1　施工期

通过模拟坝体逐级施工加载过程（图4.9），利用应变仪测得坝体及坝基应力应变值，根据模型比尺关系，对测量数据进行处理，得到每层坝体施工过程对坝基及坝体应力变化情况，如图4.10所示。

图4.9　坝体施工模拟

试验结果可以看出：①施工期无论是坝基、坝底还是坝中应力均很小，对坝体而言，最大应力出现在坝底中部，且不足0.6MPa，约为坝体材料设计抗压强度的1/25～1/14；②坝体和坝基的应力随着施工高度的增加而增加，坝体应力均为压应力，坝基在靠近坝趾及坝踵处出现拉应力，但数值很小，其余部分均为压应力；③不同高程，应力基本以坝轴线为中心，对称分布。分析原因，模拟胶凝砂砾石材料坝施工过程，施工期仅受坝体自重影响，坝体设计剖面为对称形式，受力情况均匀，故坝体内部只有压应力产生。坝基在坝体自重影响下，引起轻微沉降变形，靠近坝趾及坝踵处出现拉应力，在允许范围内。

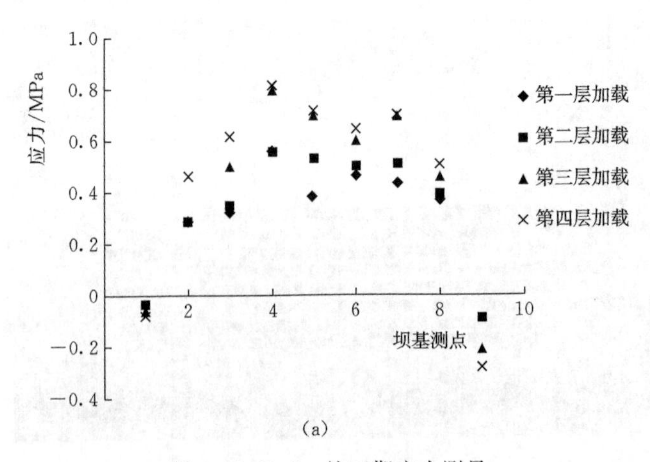

(a)

图4.10（一）　施工期应力测量

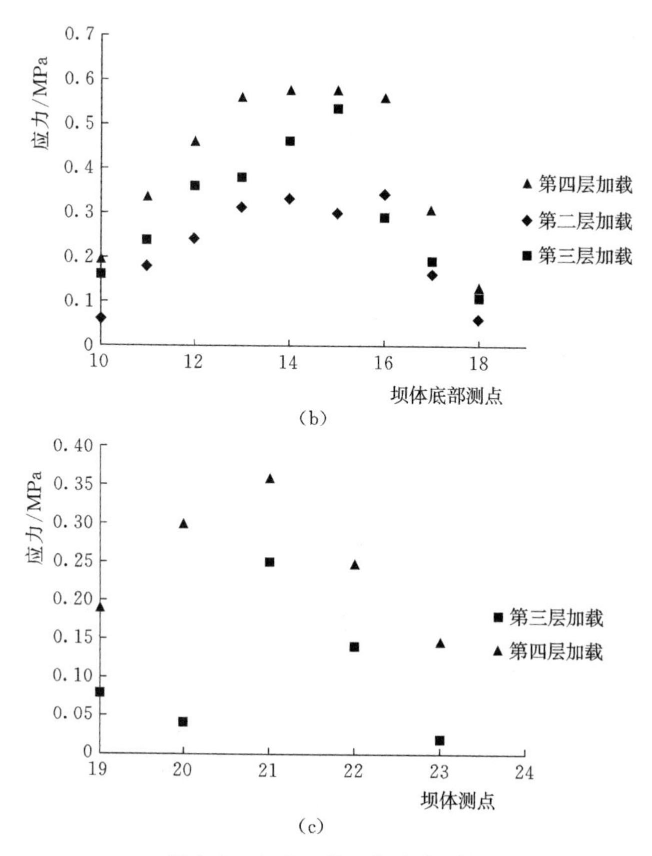

图 4.10（二）　施工期应力测量

4.4.2　正常运行期

根据模型比尺关系，对测量数据进行处理，换算得到原型正常运行期坝体应力及位移，如图 4.11 和图 4.12 所示（1 号为分层胶结坝体，2 号为整体浇筑坝体）。

试验结果可以看出：①正常运行期分层胶结模型（1 号）和整体浇筑模型（2 号）各测点应力值相差很小且分布规律一致；②模型坝基、坝体所受应力均为压应力，坝底应力分布整体最高，最大应力出现在坝底下游，但不足 0.9MPa，为坝体材料设计抗压强度的 1/7～1/9，说明该坝型安全储备较高；③正常运行期坝基、坝体应力分布较施工期分布完全不同，同一高程应力分布，从上游面到下游面逐渐增大；不同高程坝体应力分布从坝底到坝顶逐渐减小。分析原因，正常运行期，坝体主要受自重及水荷载影响，水荷载垂直上游面，对坝体形成挤压，坝体设计剖面为对称形式，受力情况均匀，坝体自重抵消了水荷载对坝踵的拉应力影响。

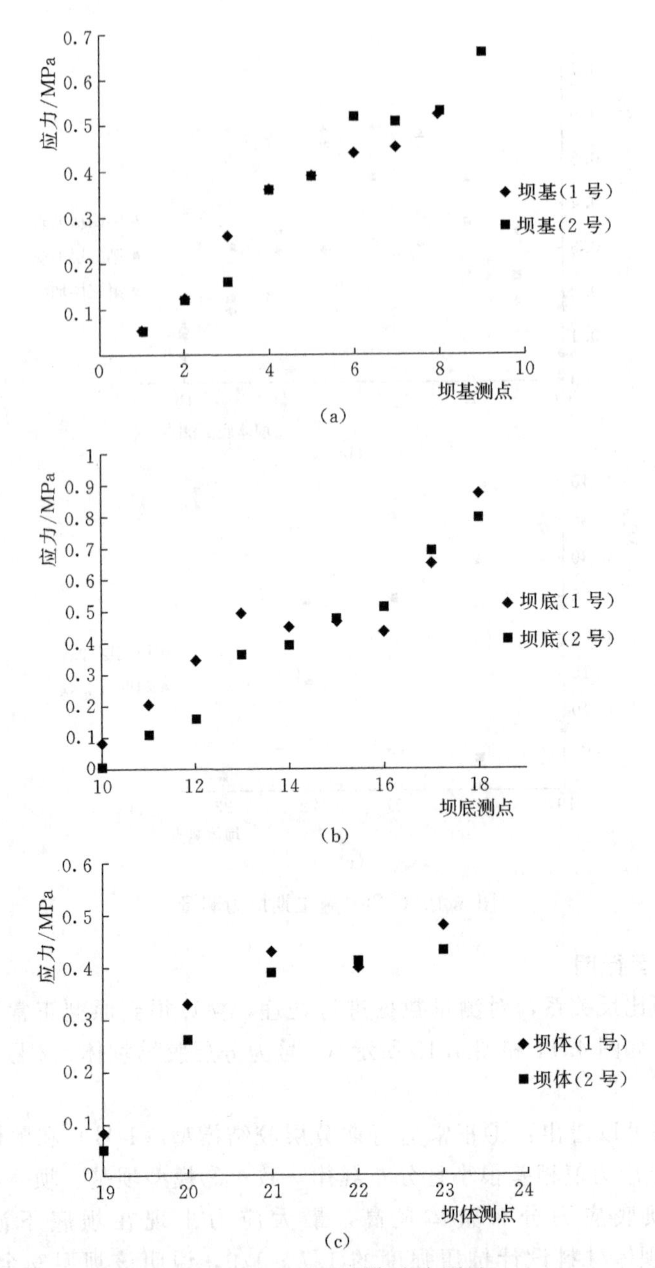

(a)

(b)

(c)

图4.11　正常运行期应力测量

4.4.3　超载破坏试验

模型破坏试验方法主要三种：强度储备法、超载法和综合法。

(1) 强度储备法。水工结构设计时，材料强度都会有一定储备值，试验时保持外荷载及边界条件不变，逐渐降低试验材料强度，是坝体破坏的一种试验方法。

该方法每一个模型只对应一种模型材料，试验周期长、工作量大，故很少采用。

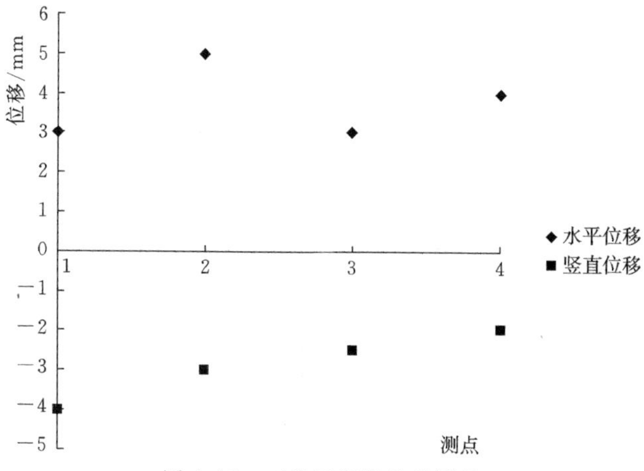

图 4.12　正常运行期位移测量

（2）超载法。超载法是保持模型材料性能不变，不断增加外荷载，直至模型达到极限承载能力而破坏。破坏时对应的系数称为超载安全系数。该方法试验操作简单且易于控制，获得的超载安全系数在实际工程中也具有重要意义。

（3）综合法。综合法是考虑材料强度储备以及坝体遭遇地震或暴雨等因素引起超载两种情况，综合起来进行模型试验。该方法一般用于边界条件复杂的特大工程模拟。

综上考虑，本次模型破坏试验采用超载法。通过不断增加千斤顶加力，模拟超载的上游水压力。

坝体下游面测点的水平及竖向位移随超载倍数变化过程，如图 4.13 和图 4.14 所示。

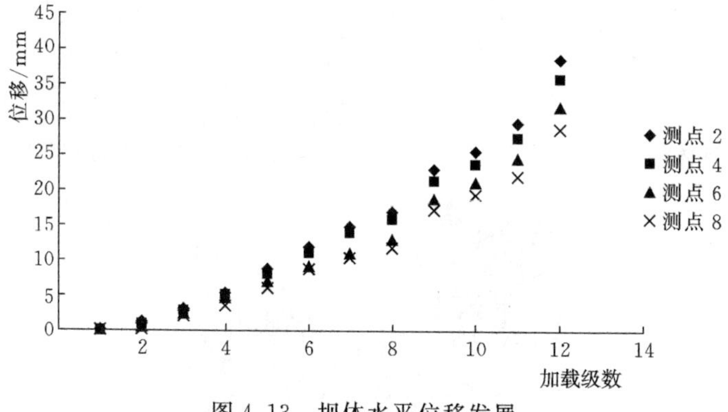

图 4.13　坝体水平位移发展

由图 4.13 和图 4.14 可知，在超载试验过程中，随着加载级数的增加，坝体产生向下游的水平位移，变形量从坝顶到坝底逐渐减小；坝体产生向下的竖向位移，变形量从坝顶到坝底逐渐减小，竖向最大变形量为 12.5mm；加载至第 7

级左右，坝体水平及竖直变形量均快速增大，坝体开始产生可见细微裂缝，加载至 12 级时，坝体出现明显滑移。即在超载系数 $K_P=7\sim8$ 时，应变值显著增加，出现较大拐点，说明坝体已经处于非线性变形阶段；在 $K_P=10$ 时，应变值发生较大波动，说明该阶段坝体处于极限承载阶段；在 $K_P=12$ 时，坝体出现裂缝，并迅速蔓延，坝体发生破坏。上游坝面 1/3 处为明显剪切破坏；下游坝趾为挤压破坏，整体贯穿，如图 4.15～图 4.17 所示。

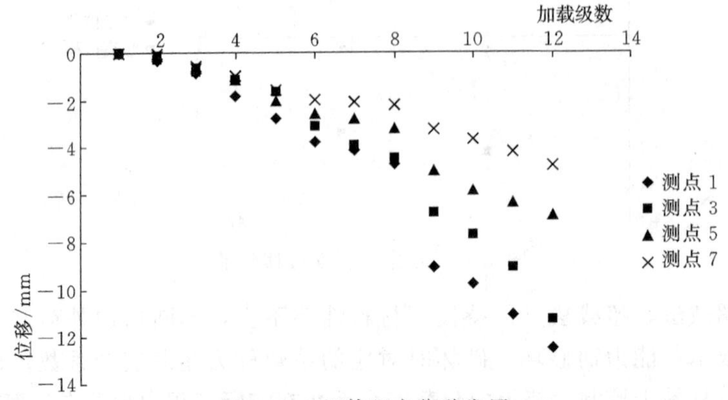

图 4.14 坝体竖向位移发展

图 4.15 坝体整体破坏形态

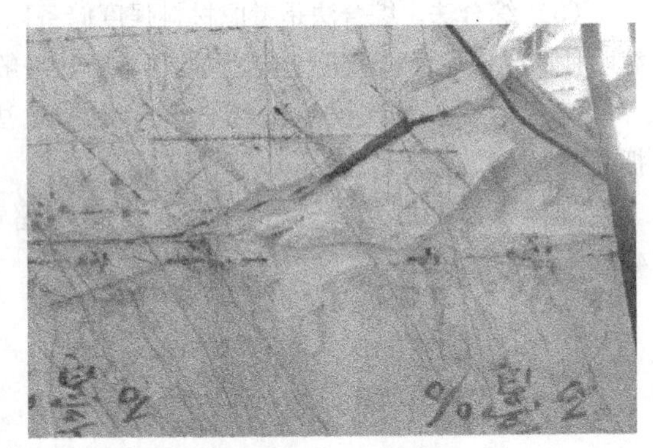

图 4.16 坝体上游破坏形态

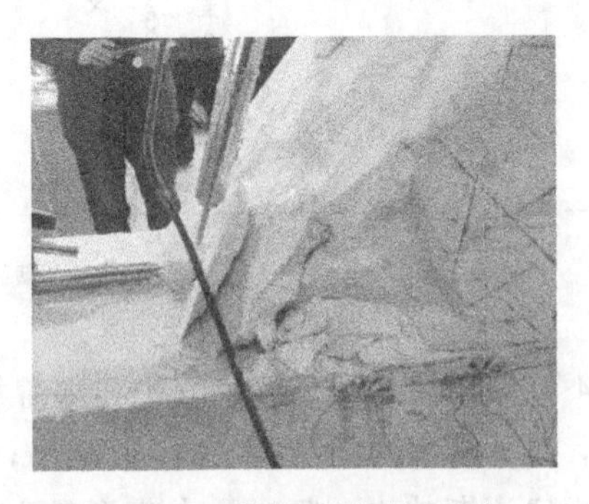

图 4.17 坝体下游破坏形态

对应坝体安全系数：非线性变形超载安全系数为7～8；极限超载安全系数为12。

4.5 小结

本章坝体模型试验，参考山西守口堡水库胶凝砂砾石材料坝原型设计，并对其进行概化模拟。详述了坝体模型制作、加载和测量过程。进行模型坝体施工期、正常运行期以及超载破坏试验，得出不同工况下模型坝体应力应变情况。

（1）施工期：①无论是坝基、坝底还是坝中应力均很小，对坝体而言，最大应力出现在坝底中部，且不足0.6MPa，约为坝体材料设计抗压强度的1/25～1/14；②坝体和坝基的应力随着施工高度的增加而增加，坝体应力均为压应力，坝基在靠近坝趾及坝踵处出现拉应力，但数值很小，其余部分均为压应力；③不同高程，应力基本以坝轴线为中心，对称分布。分析原因，模拟胶凝砂砾石材料坝施工过程，施工期仅受坝体自重影响，坝体设计剖面为对称形式，受力情况均匀，故坝体内部只有压应力产生。坝基在坝体自重影响下，引起轻微沉降变形，靠近坝趾及坝踵处出现拉应力，在允许范围内。

（2）正常运行期：①胶结模型（1号）和整体浇筑模型（2号）各测点应力值相差很小且分布规律一致，说明分层分级加载模拟施工过程对坝体、坝基影响的合理性；②模型坝基、坝体所受应力均为压应力，坝底应力分布整体最高，最大应力出现在坝底下游，但不足0.9MPa，约为坝体材料设计抗压强度的1/17～1/9；③正常运行期坝基、坝体应力分布较施工期分布完全不同，同一高程应力分布，从上游面到下游面逐渐增大；不同高程坝体应力分布从坝底到坝顶逐渐减小。分析原因，正常运行期，坝体主要受自重及水荷载影响，水荷载垂直上游面，对坝体形成挤压，坝体设计剖面为对称形式，受力情况均匀，坝体自重抵消了水荷载对坝踵的拉应力影响。

（3）超载破坏：在超载试验过程中，随着加载级数的增加，坝体产生向下游的水平位移，变形量从坝顶到坝底逐渐减小；坝体产生向下的竖向位移，变形量从坝顶到坝底逐渐减小，竖向最大变形量为12.5mm；加载至第7级左右，坝体水平及竖直变形量均快速增大，坝体开始产生可见细微裂缝，加载至12级时，坝体出现明显滑移。上游坝面三分之一处为明显剪切破坏；下游坝趾为挤压破坏，整体贯穿。对应坝体安全系数：非线性变形超载安全系数为$K_P=7\sim8$；极限超载安全系数为$K_P=12$。

第5章　胶凝砂砾石坝线性有限元分析

5.1　线性有限元法

本部分计算，进行的是线弹性有限元分析。在计算过程中，进行网格剖分时，单元总数均在1000～2000个。坝体内部和地基均采用四节点四边形等参单元。并采用模拟施工逐级加荷进行坝体应力计算。

本文坝体单元主要采用的平面四结点、四边形等参单元，仅在坝坡边缘采用了少量的三结点三角形单元。

(1) 单元应变。

$$\{\varepsilon\}=[\varepsilon_x \quad \varepsilon_y \quad \gamma_{xy}]^T=[B_1 \quad B_2 \quad B_3 \quad B_4]\{\delta\}^e \tag{5.1}$$

其中，应变矩阵

$$[B_i]=\begin{bmatrix} \frac{\partial N_i}{\partial x} & 0 \\ 0 & \frac{\partial N_i}{\partial y} \\ \frac{\partial N_i}{\partial y} & \frac{\partial N_i}{\partial x} \end{bmatrix} \quad (i=1,\ 2,\ 3,\ 4)$$

式中　$\{\delta\}^e$——单元结点位移列阵；

N_i——单元的形函数，对于四边形等参单元，可表示为 $N_i=\frac{1}{4}(1+\xi_i\xi)(1+\eta_i\eta)(i=1,2,3,4)$；

ξ、η——单元的局部坐标。

应变 $\{\varepsilon\}$ 相同时，由于双曲线③和直线②的应变矩阵 [B] 相同，所以两者的 $\{\delta\}^e$ 也相同。

(2) 单元应力。

$$\{\sigma\}=[\sigma_x \quad \sigma_y \quad \tau_{xy}]^T=[D][B]\{\delta\}^e \tag{5.2}$$

其中，$[D]$ 为弹性矩阵。

$$[D]=\frac{E}{1-\mu^2}\begin{bmatrix} 1 & \mu & 0 \\ \mu & 1 & 0 \\ 0 & 0 & \frac{1-\mu}{2} \end{bmatrix}$$

(3) 单元刚度矩阵。由虚功原理可导出单元的结点位移与结点力之间的关系为

$$\{F\}^{e}=\iint_{A}[B]^{T}\{\sigma\}\mathrm{d}x\mathrm{d}y \tag{5.3}$$

式中 $\{F\}^{e}$——单元的结点力列阵，也就是单元的等效结点荷载。

对于四结点等参单元，有

$$[k]=\int_{-1}^{1}\int_{-1}^{1}[B]^{T}[D][B]|J|D\mathrm{d}\xi\mathrm{d}\eta \tag{5.4}$$

式中 $|J|$——Jacobi 矩阵的模。

在等参单元的有限元计算中，积分 $\int_{-1}^{1}\int_{-1}^{1}[B]^{T}[D_1][B]|J|\mathrm{d}\xi\mathrm{d}\eta$ 和 $\int_{-1}^{1}\int_{-1}^{1}[B]^{T}[D_2][B]|J|\mathrm{d}\xi\mathrm{d}\eta$ 是由高斯（Gauss）求积法的数值积分来实现的。即在单元内选出某些积分点，求出被积函数在这些积分点处的函数值，然后用对应的加权系数乘上这些函数值，再求出总和，将其作为近似的积分值。由一维求积公式导出为

$$\int_{-1}^{1}f(\xi,\eta)\mathrm{d}\xi=\sum_{i=1}^{n}H_{i}f(\xi_{i},\eta)=\phi(\eta)$$

由上式推广得二维求积公式为

$$\int_{-1}^{1}\int_{-1}^{1}f(\xi,\eta)\mathrm{d}\xi\mathrm{d}\eta=\sum_{i=1}^{n_1}\sum_{j=1}^{n_2}H_{i}H_{j}f(\xi_{i},\eta_{j})$$

式中 n_1、n_2——沿 ξ、η 方向的积分点数目；

ξ_i、η_j——同一积分点在 ξ、η 方向的坐标；

H_i、H_j——同一积分点在 ξ、η 方向的一维加权系数。

（4）整体刚度矩阵。

$$[K]=\sum_{e}[G]^{T}[k][G] \tag{5.5}$$

式中 $[G]$——单元结点转换矩阵。

（5）位移模式。

$$\begin{cases}u=\sum_{i=1}^{4}N_{i}u_{i}\\ v=\sum_{i=1}^{4}N_{i}v_{i}\end{cases} \tag{5.6}$$

式中 u_i——单元结点水平向位移；

v_i——单元结点竖向位移。

（6）单元的等效结点荷载。

1）任意一点受有集中荷载 $\{P\}=\{P_x \quad P_y\}^{T}$ 时，等效结点荷载为

$$\{R_p\}^{e}=[N]^{T}\{P\} \tag{5.7}$$

2）单元受有体力 $\{p\}=[X \quad Y]^{T}=[0 \quad -\rho]^{T}$ 时，等效结点荷载为

$$\{R_p\}^{e}=\iint_{A}[N]^{T}\{p\}t\mathrm{d}x\mathrm{d}y \tag{5.8}$$

对于等参单元为

$$\{R_p\}^e=\int_{-1}^{1}\int_{-1}^{1}[N]^T\{p\}|J|d\xi d\eta t=\sum_{g=1}^{n}H_g([N]^T\{p\}|J|)_g t$$

3）单元的边界上有均布荷载$\{\bar{p}\}$时，等效结点荷载为

$$\{R_p\}^e=\int_s[N]^T\{\bar{p}\}t\,ds \tag{5.9}$$

5.2　数值模型建立

以守口堡胶凝砂砾石坝工程为例（试验配合比见第 2 章），三轴试验应力-应变曲线，如图 5.1 所示。

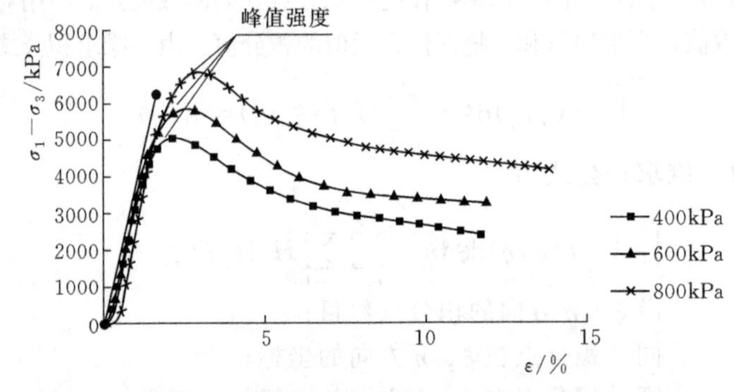

图 5.1　守口堡 28d 龄期应力-应变曲线

胶凝砂砾石材料是一种典型的弹塑性材料，当应力较低时，应力随应变大致呈线性增长，随着应力逐步增大，材料进入塑性阶段，直至达到峰值强度，随后，应变持续增长，应力降低，材料出现软化特征，最终趋于稳定值（残余强度）。结合第 4 章守口堡坝模型试验结果，胶凝砂砾石材料坝正常运行条件下，坝体最大应力为材料设计强度的 1/9，而材料峰值强度 90％之前基本呈线弹性。保守计算，本次计算选取峰值强度 80％之前段，采用线性计算即可满足要求[146-156]。

5.2.1　计算模型的简化

对计算模型作了如下简化[157-165]：

（1）水压力直接作用在上游坝面，不考虑扬压力。

（2）坝体尺寸依计算工况选取；坝基上下游及深度均按一倍坝高模拟。

（3）计算取单宽坝体进行分析。

5.2.2　模型参数

（1）荷载：水压力（坝高齐平）和坝体自重。

（2）材料参数：①坝体，弹性模量为 4.6GPa；泊松比为 0.2；容重为 23.5kN/m³；②坝基。

(3) 弹性模量为7GPa；泊松比为0.24；容重为22.0kN/m³（和实际工程地质条件相近：中等坚硬的、完整性较差的、裂隙发育的弱风化次块状、镶嵌状岩体）。

模型采用四结点等参单元，根据工况不同，计算单元在10000左右进行有限元数值分析。

5.3　胶凝砂砾石坝的线性计算

5.3.1　坝高对坝体应力及位移的影响

目前已建或在建的胶凝砂砾石坝多为对称边坡，坡比为1∶0.5～1∶0.7，故选定上下游坡比为1∶0.7，坝顶宽度6m，分析坝高对坝体应力的影响。应力方向，压为正拉为负；位移方向，水平向下游为正，竖直向上为正。

不同坝高计算工况，见表5.1。

表5.1　不同坝高计算工况

工况	1	2	3	4
坝高/m	50	61.6	70	80
上游边坡	0.7			
下游边坡	0.7			

1. 主应力分析

(1) 坝高50m，主应力分析如图5.2～图5.4所示。

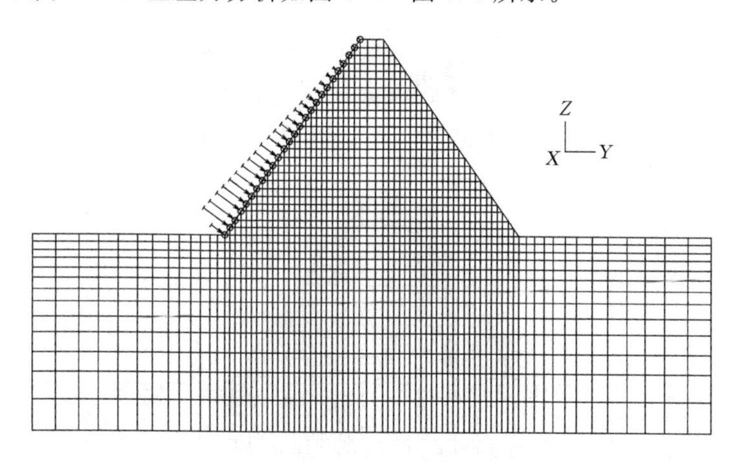

图5.2　坝高50m网格剖分

根据计算结果，此时坝体的大、小主应力均为压应力，最大值为0.85MPa，位于坝底中部；边缘应力$\sigma_{上}$=0.29MPa，$\sigma_{下}$=0.55MPa。

(2) 坝高61.6m，主应力分析如图5.5～图5.7所示。

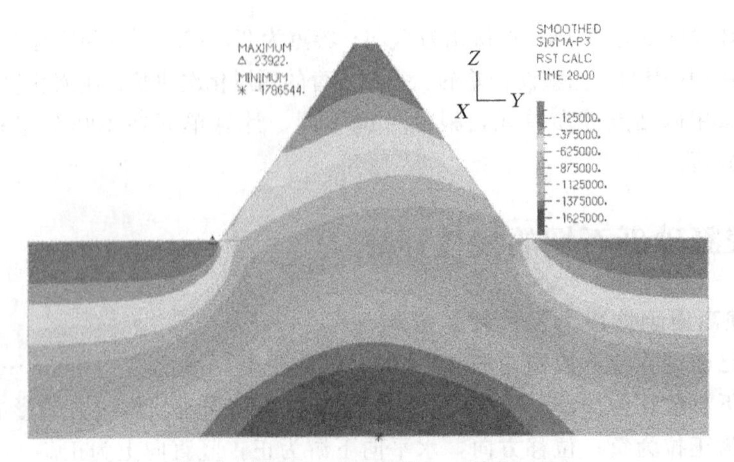

图5.3　坝高50m大主应力（单位：Pa）

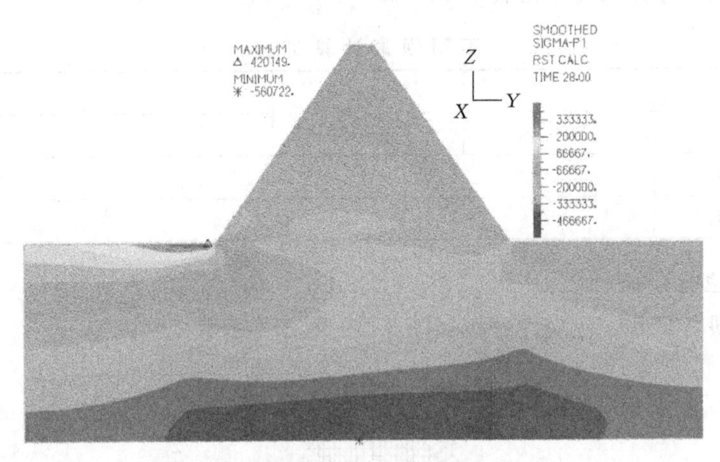

图5.4　坝高50m小主应力（单位：Pa）

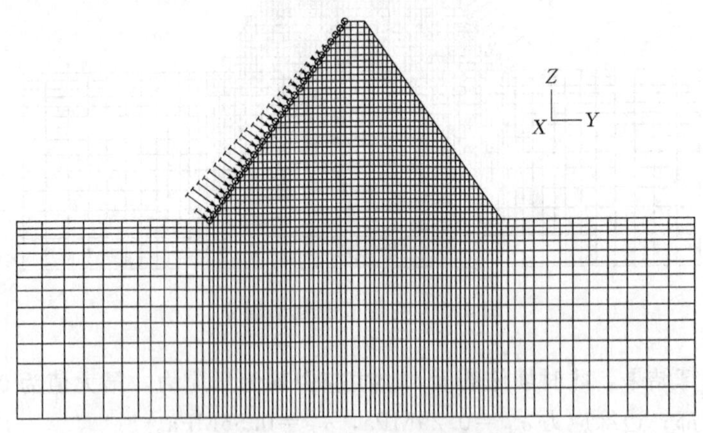

图5.5　坝高61.6m网格剖分

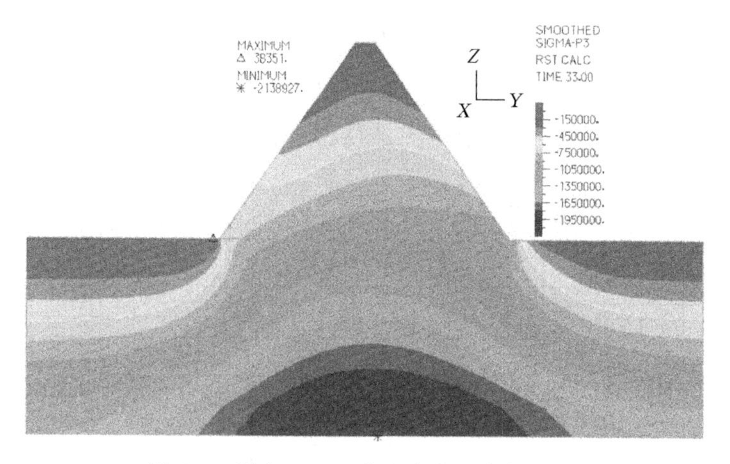

图 5.6 坝高 61.6m 大主应力（单位：Pa）

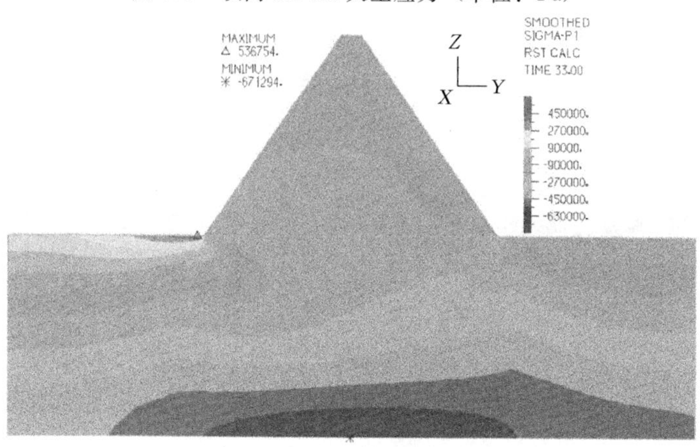

图 5.7 坝高 61.6m 小主应力（单位：Pa）

根据计算结果，此时坝体的大、小主应力均为压应力，最大值为 1.2MPa，位于坝底中部；边缘应力 $\sigma_{上}$ =0.38MPa，$\sigma_{下}$ =0.63MPa。

(3) 坝高 70m，主应力分析如图 5.8～图 5.10 所示。

根据计算结果，此时坝体的大、小主应力均为压应力，最大值为 1.3MPa，位于坝底中部；边缘应力 $\sigma_{上}$ =0.49MPa，$\sigma_{下}$ =0.72MPa。

(4) 坝高 80m，主应力分析如图 5.11～图 5.13 所示。

根据计算结果，此时坝体的大、小主应力均为压应力，最大值为 1.37MPa，位于坝底中部；边缘应力 $\sigma_{上}$ =0.53MPa，$\sigma_{下}$ =0.96MPa。

2. 位移分析

(1) 坝高 50m，位移分析如图 5.14 和图 5.15 所示。

根据计算结果，此时坝体水平位移最大 $\delta_{水平}$ =3.2mm，位于上游坝面约 1/3 高程处；竖向位移最大 $\delta_{竖向}$ =−4.8mm，位于坝底中部略向上位置。

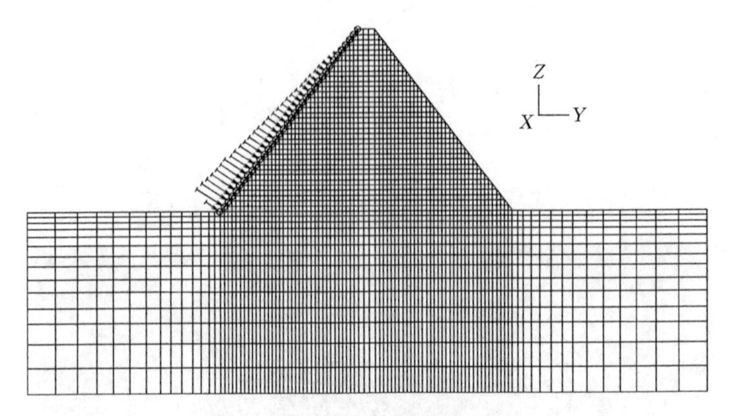

图 5.8　坝高 70m 网格剖分

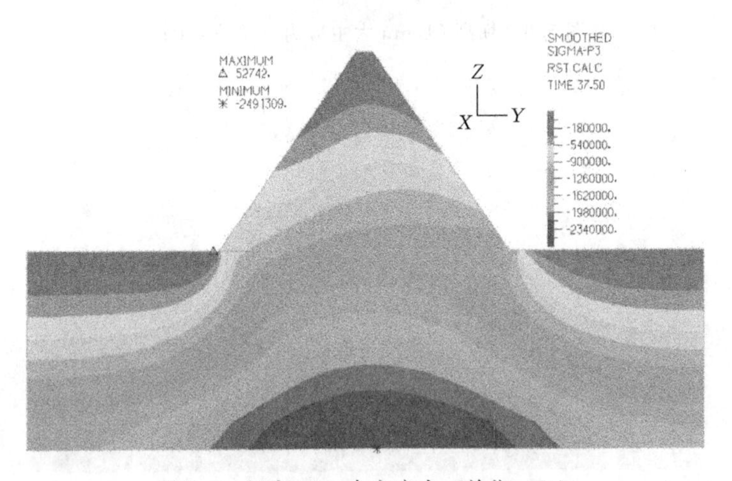

图 5.9　坝高 70m 大主应力（单位：Pa）

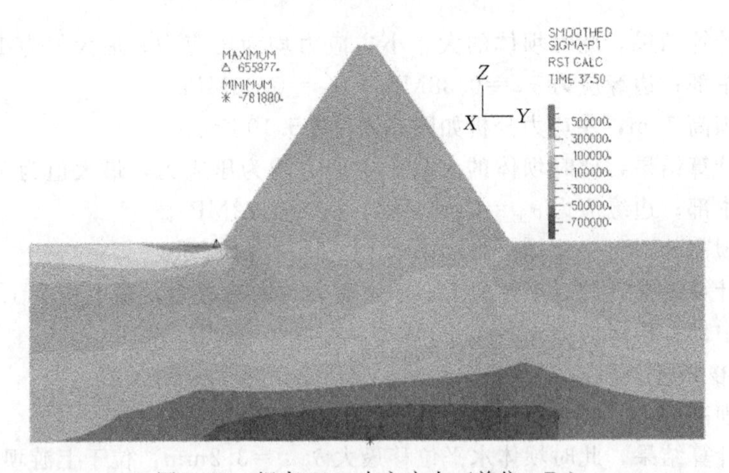

图 5.10　坝高 70m 小主应力（单位：Pa）

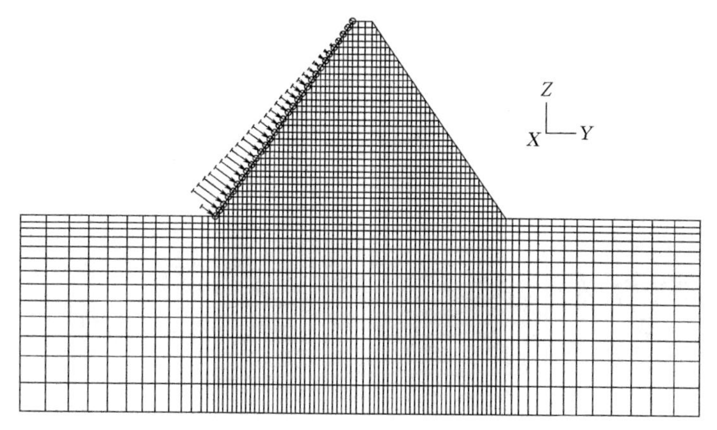

图 5.11　坝高 80m 网格剖分

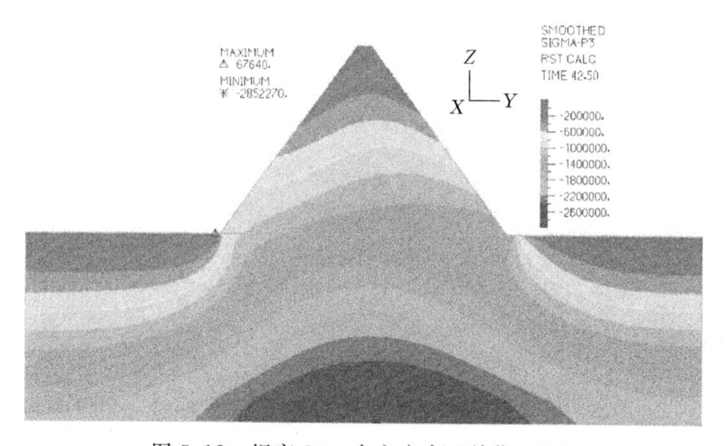

图 5.12　坝高 80m 大主应力（单位：Pa）

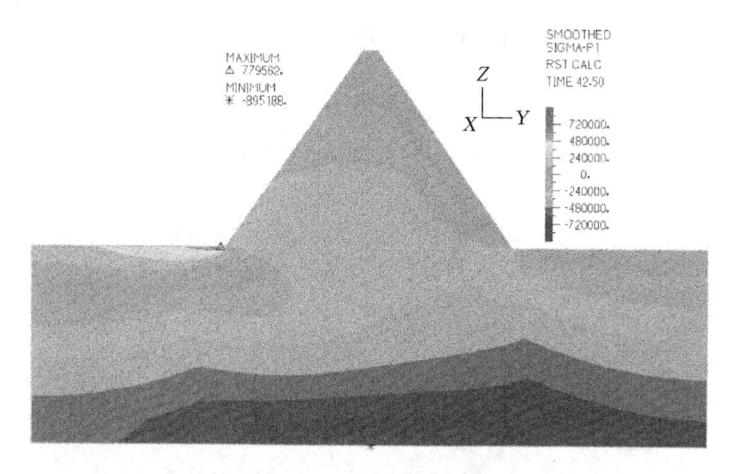

图 5.13　坝高 80m 小主应力（单位：Pa）

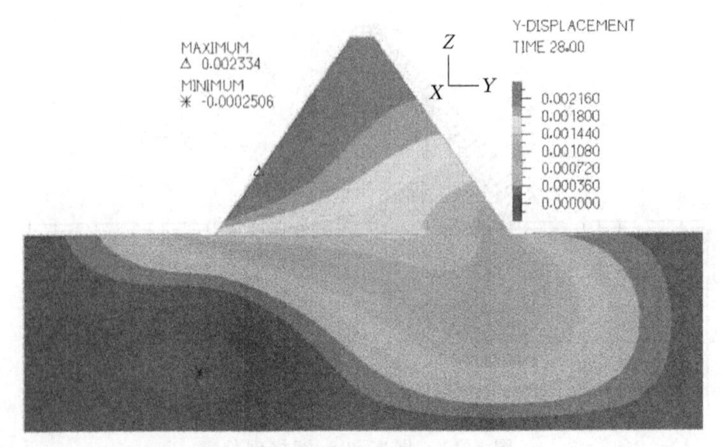

图 5.14 坝高 50m 水平位移（单位：m）

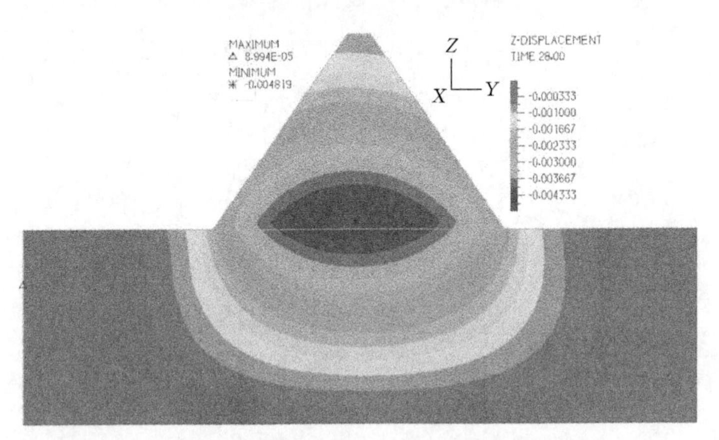

图 5.15 坝高 50m 竖向位移（单位：m）

（2）坝高 61.6m，位移分析如图 5.16 和图 5.17 所示。

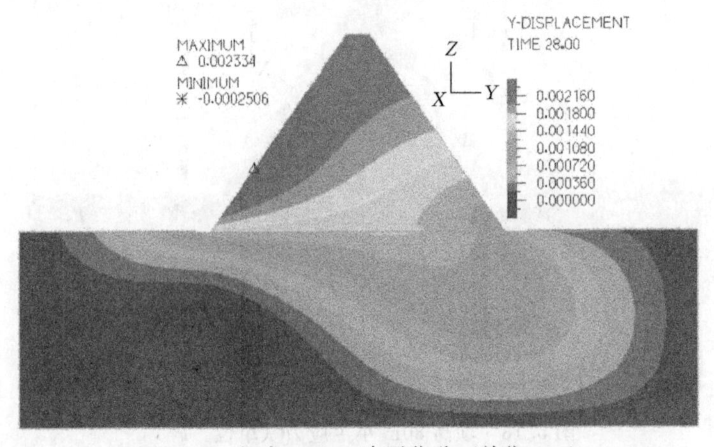

图 5.16 坝高 61.6m 水平位移（单位：m）

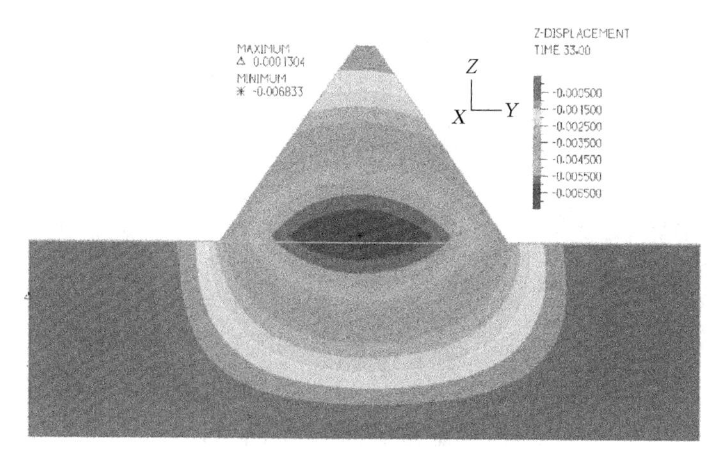

图 5.17　坝高 61.6m 竖向位移（单位：m）

根据计算结果，此时坝体水平位移最大 $\delta_{水平}$ =4.5mm，位于上游坝面约 1/3 高程处；竖向位移最大 $\delta_{竖向}$ =−6.8mm，位于坝底中部略向上位置。

（3）坝高 70m，位移分析如图 5.18 和图 5.19 所示。

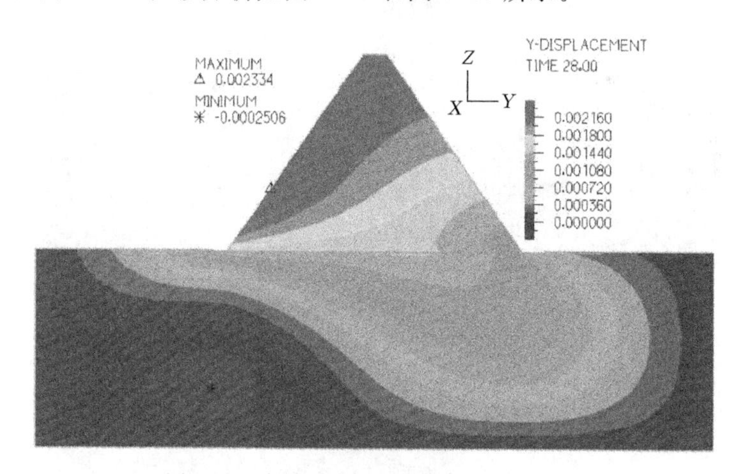

图 5.18　坝高 70m 水平位移（单位：m）

根据计算结果，此时坝体水平位移最大 $\delta_{水平}$ =5.9mm，位于上游坝面约 1/3 高程处；竖向位移最大 $\delta_{竖向}$ =−9.2mm，位于坝底中部略向上位置。

（4）坝高 80m，位移分析如图 5.20 和图 5.21 所示。

根据计算结果，此时坝体水平位移最大 $\delta_{水平}$ =7.7mm，位于上游坝面约 1/3 高程处；竖向位移最大 $\delta_{竖向}$ =−11.9mm，位于坝底中部略向上位置。

综上所述，对称边坡 1∶0.7 时，分析坝高 50m、61.6m、70m、80m 时的应力及位移图，各工况下的计算结果见表 5.2。

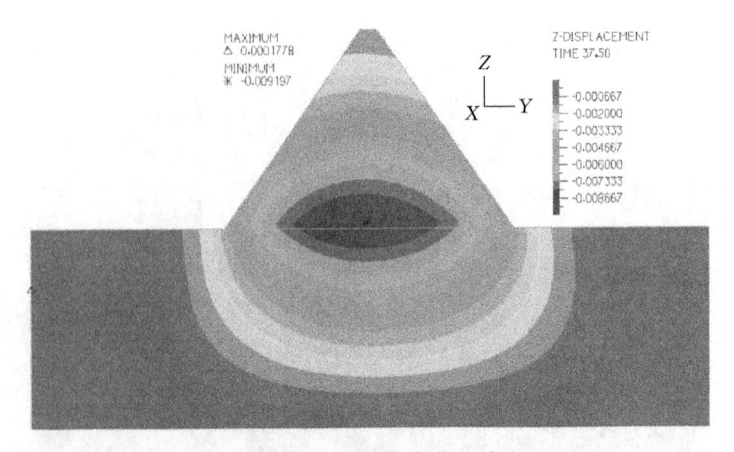

图 5.19　坝高 70m 竖向位移（单位：m）

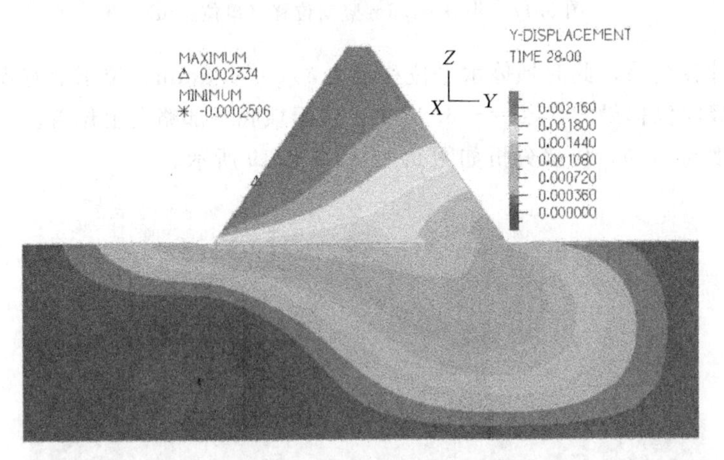

图 5.20　坝高 80m 水平位移（单位：m）

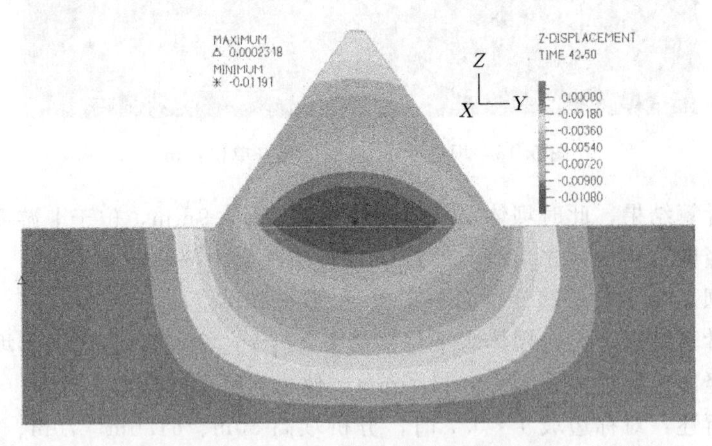

图 5.21　坝高 80m 竖向位移（单位：m）

表 5.2 不同工况应力、移位计算结果

对称边坡 $n=0.7$，坝顶宽 $d=6$m				
坝高 H/m	50	61.6	70	80
σ_{max}/MPa	0.85	1.2	1.3	1.37
$\sigma_{上}$/MPa	0.29	0.38	0.49	0.53
$\sigma_{下}$/MPa	0.55	0.63	0.72	0.96
$\delta_{水平max}$/mm	3.2	4.5	5.9	7.7
$\delta_{竖向max}$/mm	−4.8	−6.8	−9.2	−11.9

（1）坝体大主应力分布趋势与堆石坝应力分布规律一致，随着坝高增高，大主应力随之增大，且分布都较为均匀，最大应力值在坝底中部，为材料 180d 设计强度的 1/10 左右；坝体小主应力在下游面与坝体边坡大致平行，坝踵处应力值大，随着坝高增高，小主应力随之增大。

（2）坝体上下游的边缘应力随坝高的增加而增加，相同工况下，下游边缘应力比上游大；坝高 80m 时，下游边缘应力最大值不足材料 180d 设计强度的 1/10。

（3）坝体的最大水平与竖向位移都随坝高的增大而增大，最大水平位移在上游坝高约 1/3 处，方向水平向下游；最大竖向位移在坝底中部略向上位置，方向竖直向下。

（4）数值计算的坝体应力、位移分布规律和物理模型试验结果一致。材料强度储备值大，说明胶凝砂砾石材料坝是一种比较安全的坝型。

5.3.2 边坡对坝体应力的影响

为了研究边坡对坝体应力的影响，设定坝高为 61.6m，变化边坡，计算工况见表 5.3。

表 5.3 不同边坡计算工况（坝高 61.6m）

工况	1	2	3
上游坡比	0.1	0.4	
下游坡比	0.7	0.5	0.7

1. 主应力分析

（1）上游坡比 0.1，下游坡比 0.7，主应力分析如图 5.22～图 5.24 所示。

根据计算结果，此时坝体的大主应力 $\sigma_{1max}=1.55$MPa，位于坝趾处；小主应力 $\sigma_{3max}=-0.27$MPa，位于坝踵处；边缘应力 $\sigma_{上}=0.28$MPa，$\sigma_{下}=0.64$MPa。

（2）上游坡比 0.4，下游坡比 0.5，主应力分析如图 5.25～图 5.27 所示。

根据计算结果，此时坝体的大主应力 $\sigma_{1max}=1.64$MPa，位于坝趾处；小主应力 $\sigma_{3max}=-0.17$MPa，位于坝踵处；边缘应力 $\sigma_{上}=0.16$MPa，$\sigma_{下}=0.95$MPa。

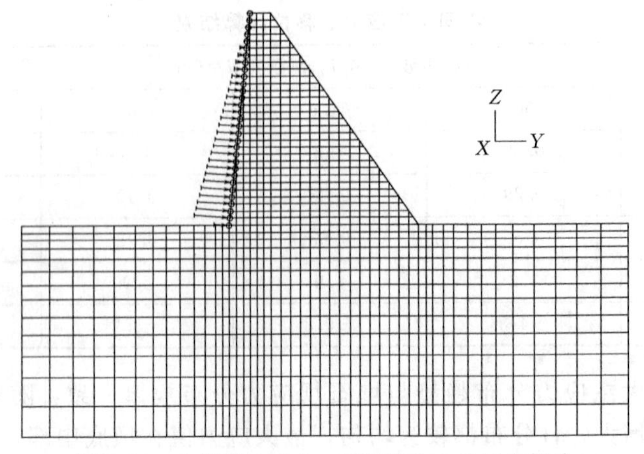

图 5.22　上游坡比 0.1、下游坡比 0.7 网格剖分

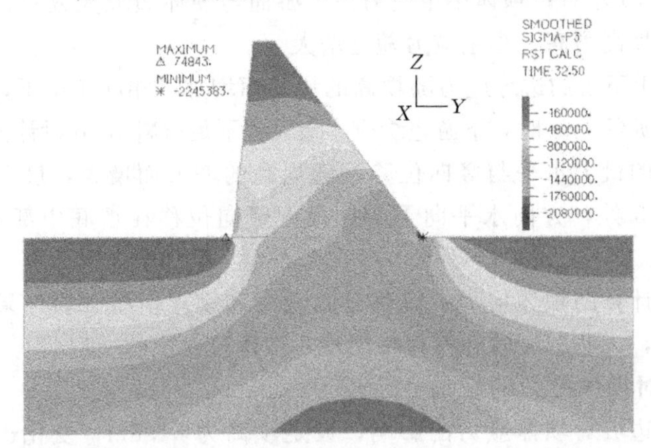

图 5.23　上游坡比 0.1、下游坡比 0.7 大主应力（单位：Pa）

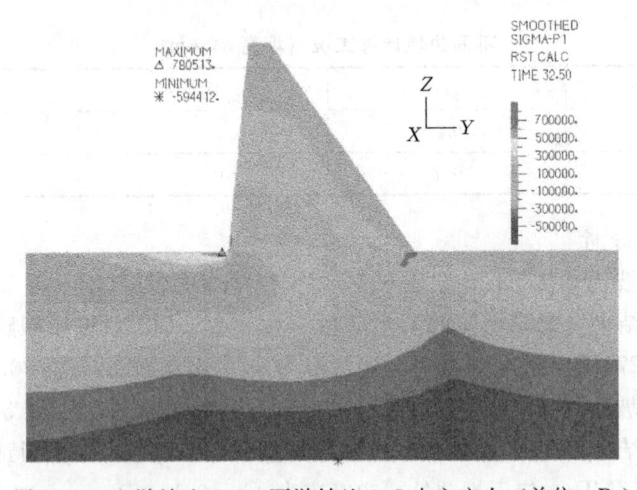

图 5.24　上游坡比 0.1、下游坡比 0.7 小主应力（单位：Pa）

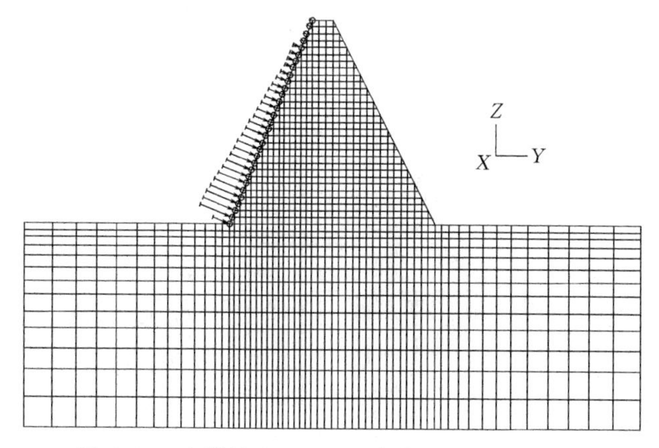

图 5.25 上游坡比 0.4、下游坡比 0.5 网格剖分

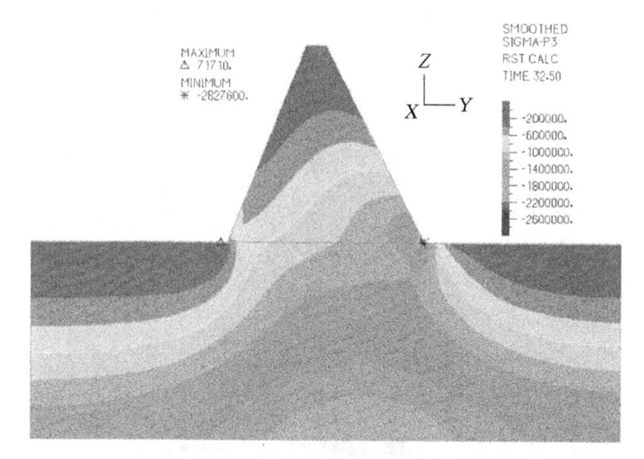

图 5.26 上游坡比 0.4、下游坡比 0.5 大主应力（单位：Pa）

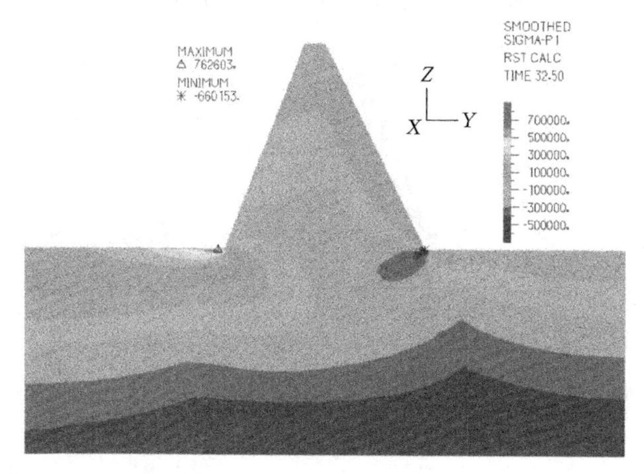

图 5.27 上游坡比 0.4、下游坡比 0.5 小主应力（单位：Pa）

(3) 上游坡比 0.4，下游坡比 0.7，主应力分析如图 5.28～图 5.30 所示。

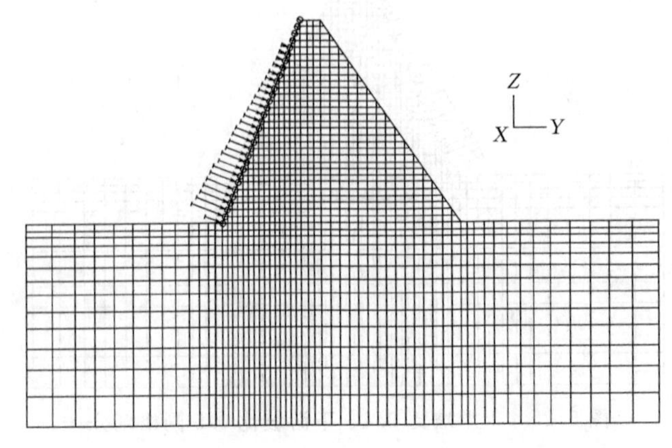

图 5.28　上游坡比 0.4、下游坡比 0.7 网格剖分

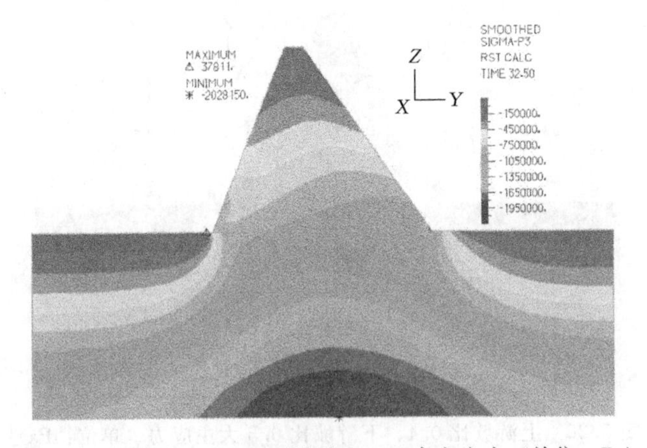

图 5.29　上游坡比 0.4、下游坡比 0.7 大主应力（单位：Pa）

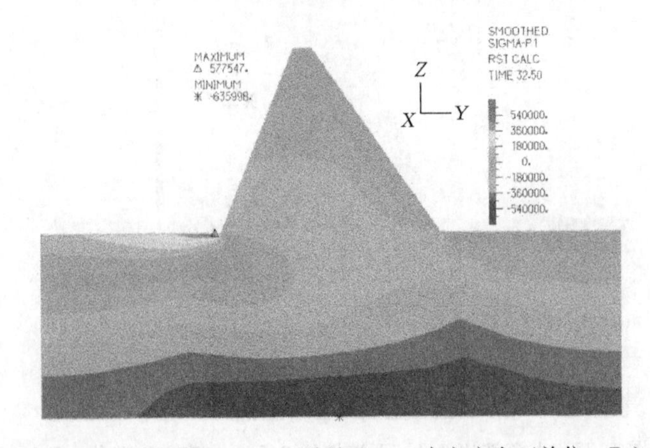

图 5.30　上游坡比 0.4、下游坡比 0.7 小主应力（单位：Pa）

根据计算结果，此时坝体的大主应力 $\sigma_{1max}=1.41\text{MPa}$，位于坝趾处；小主应力 $\sigma_{3max}=-0.12\text{MPa}$，位于坝踵处；边缘应力 $\sigma_{上}=0.32\text{MPa}$，$\sigma_{下}=0.56\text{MPa}$。

2. 位移分析

(1) 上游坡比 0.1，下游坡比 0.7，位移分析如图 5.31 和图 5.32 所示。

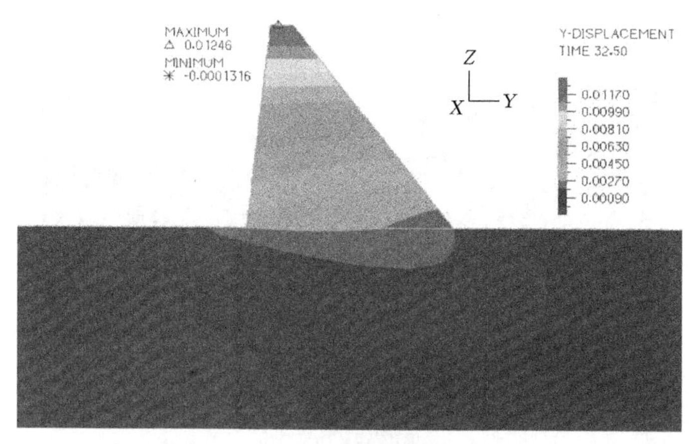

图 5.31 上游坡比 0.1、下游坡比 0.7 水平位移（单位：m）

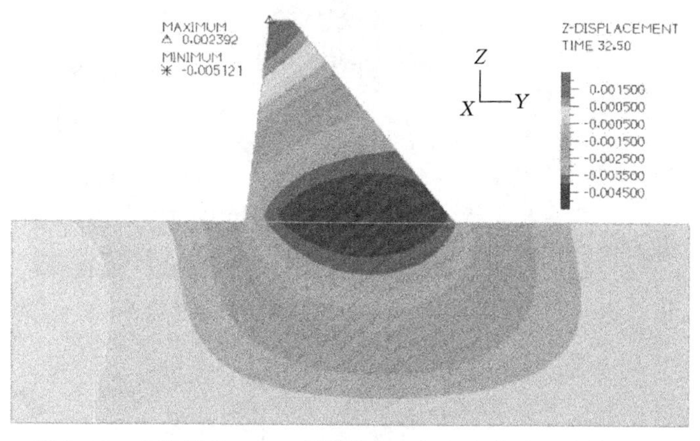

图 5.32 上游坡比 0.1、下游坡比 0.7 竖向位移（单位：m）

根据计算结果，此时坝体水平位移最大 $\delta_{水平}=14.0\text{mm}$，位于上游坝顶处；竖向位移最大 $\delta_{竖向}=-5.8\text{mm}$，位于坝底中部略向上位置。

(2) 上游坡比 0.4，下游坡比 0.5，位移分析如图 5.33 和图 5.34 所示。

根据计算结果，此时坝体水平位移最大 $\delta_{水平}=10.0\text{mm}$，位于上游坝顶处；竖向位移最大 $\delta_{竖向}=-6.1\text{mm}$，位于坝底中部略向上位置。

(3) 上游坡比 0.4，下游坡比 0.7，位移分析如图 5.35 和图 5.36 所示。

根据计算结果，此时坝体水平位移最大 $\delta_{水平}=7.8\text{mm}$，位于上游坝顶处；竖向位移最大 $\delta_{竖向}=-6.3\text{mm}$，位于坝底中部略向上位置。

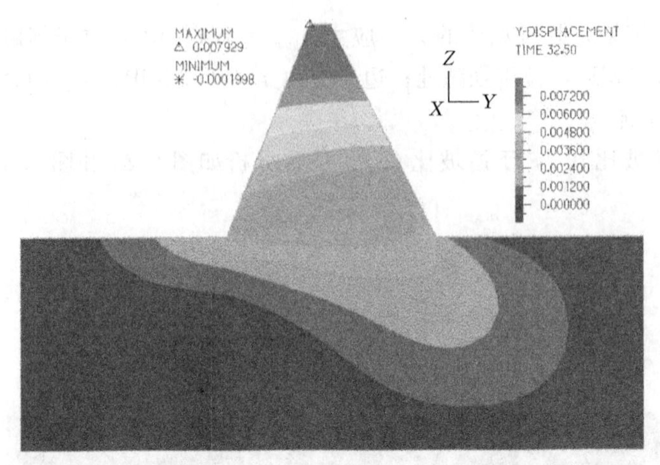

图 5.33 上游坡比 0.4、下游坡比 0.5 水平位移（单位：m）

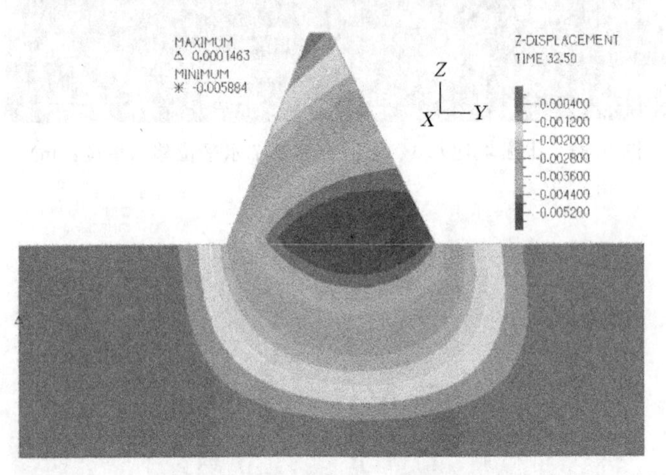

图 5.34 上游坡比 0.4、下游坡比 0.5 竖向位移（单位：m）

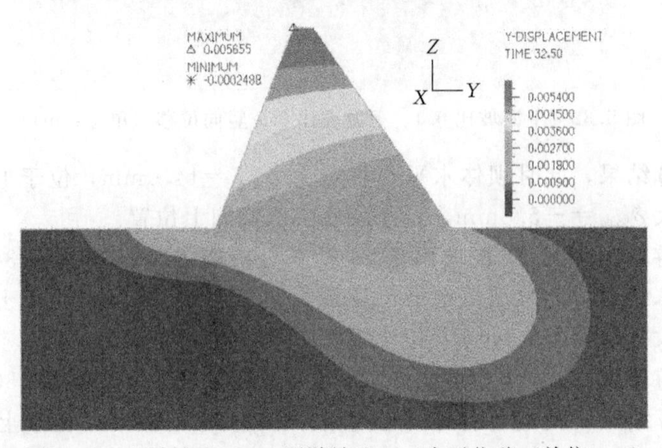

图 5.35 上游坡比 0.4、下游坡比 0.7 水平位移（单位：m）

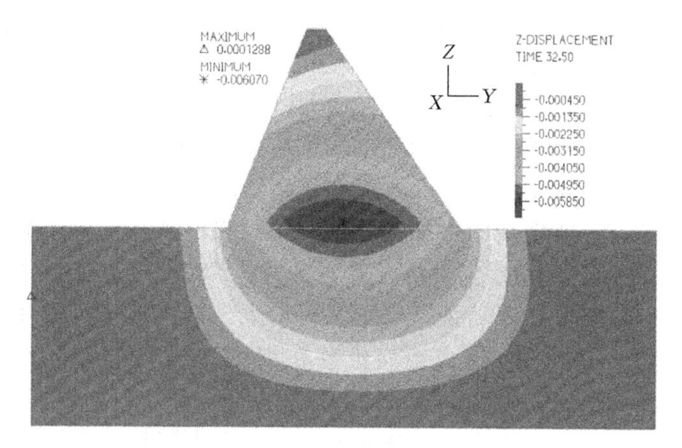

图 5.36 上游坡比 0.4、下游坡比 0.7 竖向位移（单位：m）

综上所述，在坝高 61.6m，上游边坡 0.1、0.4，下游边坡 0.5、0.7 变化时的应力及位移图，各工况下的计算结果见表 5.4。

表 5.4 不同工况应力、移位计算结果

坡 比	上游 0.1，下游 0.7	上游 0.4，下游 0.5	上游 0.4，下游 0.7
σ_{1max}/MPa	1.55	1.64	1.41
σ_{3max}/MPa	−0.27	−0.17	−0.12
$\sigma_{上}$/MPa	0.28	0.16	0.32
$\sigma_{下}$/MPa	0.64	0.95	0.56
$\delta_{水平max}$/mm	14.0	10.0	7.8
$\delta_{竖向max}$/mm	−5.8	−6.1	−6.3

（1）坝体大、小主应力随边坡变陡而变大，大主应力值最大值在坝趾处，为材料 180d 设计强度的 12%左右；小主应力值最大值在坝踵处，为拉应力。分析产生拉应力的原因：水工结构计算采用有限元求解，坝踵处的解具有不确定性，计算网格越小，坝踵处拉应力值越大，进而失真。所以有限元法计算坝踵应力一直无法作为设计坝体断面的依据，不能以量化方式纳入重力坝设计规范。

（2）坝体水平位移随边坡变陡而增大，最大水平位移在上游坝顶处，方向水平向下游；竖向位移随边坡变陡变化不大，最大位移在坝底中部略向上位置，方向竖直向下。

5.4 小结

本章选定合适的本构模型及计算方法，进行胶凝砂砾石坝数值计算，明晰了坝高及边坡变化时，坝体的实际受力状态。

(1) 边坡固定，坝高变化：①坝体大主应力分布趋势与堆石坝应力分布规律一致，随着坝高增高，大主应力随之增大，且分布都较为均匀，最大应力值在坝底中部，为材料180d设计强度的1/10左右；坝体小主应力在下游面与坝体边坡大致平行，坝踵处应力值大，随着坝高增高，小主应力随之增大；②坝体上下游的边缘应力随坝高的增加而增加，相同工况下，下游边缘应力比上游大；坝高80m时，下游边缘应力最大值不足材料180d设计强度的1/10；③坝体的最大水平与竖向位移都随坝高的增大而增大，最大水平位移在上游坝高约1/3处，方向水平向下游；最大竖向位移在坝底中部略向上位置，方向竖直向下。

(2) 坝高固定，边坡变化：①坝体大、小主应力随边坡变陡而变大，大主应力值最大值在坝趾处，为材料180d设计强度的12%左右；小主应力值最大值在坝踵处，为拉应力；分析产生拉应力的原因：水工结构计算采用有限元求解，坝踵处的解具有不确定性，计算网格越小，坝踵处拉应力值越大，进而失真，所以有限元法计算坝踵应力一直无法作为设计坝体断面的依据，不能以量化方式纳入重力坝设计规范；②坝体水平位移随边坡变陡而增大，最大水平位移在上游坝顶处，方向水平向下游；竖向位移随边坡变陡变化不大，最大位移在坝底中部略向上位置，方向竖直向下。

(3) 数值计算的坝体应力、位移分布规律和物理模型试验结果一致。材料强度储备值大，说明胶凝砂砾石材料坝是一种比较安全的坝型。

第6章 结　论

胶凝砂砾石坝作为一种新坝型，发展历时短，材料力学性能研究不够明晰，坝体模型试验较少涉及，对坝体破坏机理研究尚未达成共识。本书通过系统地试验研究，掌握胶凝砂砾石材料的力学特性；开展胶凝砂砾石坝模型试验研究，完善了模型相似理论；模拟了大坝在外荷载作用下的应力分布情况、变形特点、破坏模式及其演变过程，取得以下主要研究成果：

（1）同等条件下，水胶比对胶凝砂砾石材料的28d抗压强度影响作用显著，随着水胶比的增大，材料强度呈显著下降趋势。在工程常用配合比范围中，存在“最优水胶比”，常见砂率为0.1～0.4时，对应“最优水胶比”为1.0～1.4。砂率高时，对应“最优水胶比”取上限，反之取下限。每立方米材料中的总用水量都在80～100kg/m^3，与碾压混凝土单方用水量一致。

胶凝砂砾石材料配合比设计存在“最优砂率”，砂率为0.2时，胶凝砂砾石材料抗压强度最大。胶凝砂砾石材料最大的优势就是：材料因地制宜，就地取材，尽量做到对粗骨料、细骨料不筛分，保证其原级配。水利工程分布范围广，各地料场的砂率也不尽相同，当砂率特别低或特别高时，可对砂率进行人为调整，使其尽量最优。

胶凝砂砾石材料的抗压强度随着水泥用量的增加而增大。水泥用量在50kg/m^{3}以下时，水泥用量变化对材料强度的影响不明显；当水泥用量大于50kg/m^{3}时，随水泥用量的增加，材料强度增长显著。当胶凝材料（水泥＋粉煤灰）总量小于100kg/m^3，水胶比、砂率最优情况下，水泥用量40kg/m^{3}时，材料28d抗压强度为3.0～5.0MPa；水泥用量为50kg/m^{3}时，材料28d抗压强度为5.0～6.0MPa；水泥用量为60kg/m^{3}时，材料28d抗压强度为6.0～8.0MPa；水泥用量为70kg/m^{3}时，材料28d抗压强度为8.0～10.0MPa。

粉煤灰掺量存在最优值，试验数据得到粉煤灰掺量为胶凝材料总量（水泥＋粉煤灰）的50%时，为“最优掺量”。

（2）采用BP神经网络方法，将水泥用量、粉煤灰掺量、用水量、砂、粗骨料、砂率、水胶比等因素作为输入层，28d抗压强度作为预测输出层，进行强度预测，作为预测输出层，进行强度预测；实测值与预测值之间吻合度较高，预测效果较好。说明采用BP神经网络方法对胶凝砂砾石材料强度预测方法可行。

(3) 明晰了胶凝砂砾石材料立方体抗压强度与轴心抗压强度、劈裂抗拉强度、弯曲强度及三轴剪切指标间的对应关系，建立了以抗压强度为基础的强度指标体系。①轴心抗压强度为立方体抗压强度的0.55倍左右；②劈拉强度为立方体抗压强度的1/10左右；③抗弯强度试验为立方体抗压强度的0.15倍左右；④三轴抗剪强度（c、ψ），立方体抗压强度的增加而增加，具体对应关系见表2.20。

(4) 基于传统模型试验方法，结合胶凝砂砾石坝特点，根据平衡方程、物理方程、几何方程及边界条件，推导胶凝砂砾石材料模型相似准则，建立模型相似判据，完善了胶凝砂砾石坝模型相似理论。

以山西守口堡胶凝砂砾石坝为原型，研制出粗砂、重晶石粉、石膏粉、水泥、铁粉混合而成的模型相似材料。铁粉掺量10%、石膏掺量20%、石膏：水泥=2：1、粗砂：重晶石粉=3：1配比时，模型材料物理力学参数，最接近原型目标值。

(5) 提出了坝体模型制作、加载、测量方法，进行了模型坝体施工期、正常运行期以及超载破坏试验，得出不同工况下模型坝体应力应变情况。

1) 施工期：①无论是坝基、坝底还是坝中应力均很小，对坝体而言，最大应力出现在坝底中部，且不足0.6MPa，约为坝体材料设计抗压强度的1/25～1/14；②坝体和坝基的应力随着施工高度的增加而增加，坝体应力均为压应力，坝基在靠近坝趾及坝踵处出现拉应力，但数值很小，其余部分均为压应力；③不同高程，应力基本以坝轴线为中心，对称分布。

2) 正常运行期：①胶结模型（1号）和整体浇筑模型（2号）各测点应力值相差很小且分布规律一致，说明分层分级加载模拟施工过程对坝体、坝基影响的合理性；②模型坝基、坝体所受应力均为压应力，坝底应力分布整体最高，最大应力出现在坝底下游，但不足0.9MPa，约为坝体材料设计抗压强度的1/17～1/9；③正常运行期坝基、坝体应力分布较施工期分布完全不同，同一高程应力分布，从上游面到下游面逐渐增大；不同高程坝体应力分布从坝底到坝顶逐渐减小。

3) 超载破坏：在超载试验过程中，随着加载级数的增加坝体产生向下的竖向位移，变形量从坝顶到坝底逐渐减小，竖向最大变形量为12.5mm；坝体产生向下游的水平位移，变相量从坝顶到坝底逐渐减小。加载至第9级左右，坝体水平及竖直变形量均快速增大，坝体开始产生可见细微裂缝，加载至14级时，坝体出现明显滑移，自上游坝面三分之一处到下游坝趾的贯穿破坏，上游坝面1/3处为明显剪坏；下游坝趾为挤压破坏。

(6) 选定合适的本构模型及计算方法，根据物理模型试验结果，开展胶凝砂砾石坝数值计算，明晰了坝高及边坡变化时，坝体的实际受力状态。

1）边坡固定，坝高变化：①坝体大主应力分布趋势与堆石坝应力分布规律一致，随着坝高增高，大主应力随之增大，且分布都较为均匀，最大应力值在坝底中部，为材料180d设计强度的1/10左右；坝体小主应力在下游面与坝体边坡大致平行，坝踵处应力值大，随着坝高增高，小主应力随之增大；②坝体上下游的边缘应力随坝高的增加而增加，相同工况下，下游边缘应力比上游大；坝高80m时，下游边缘应力最大值不足材料180d设计强度的1/10；③坝体的最大水平与竖向位移都随坝高的增大而增大，最大水平位移在上游坝高约1/3处，方向水平向下游；最大竖向位移在坝底中部略向上位置，方向竖直向下。

2）坝高固定，边坡变化：①坝体大、小主应力随边坡变陡而变大，大主应力值最大值在坝趾处，为材料180d设计强度的12%左右；小主应力值最大值在坝踵处，为拉应力；分析产生拉应力的原因：水工结构计算采用有限元求解，坝踵处的解具有不确定性，计算网格越小，坝踵处拉应力值越大，进而失真；所以有限元法计算坝踵应力一直无法作为设计坝体断面的依据，不能以量化方式纳入重力坝设计规范；②坝体水平位移随边坡变陡而增大，最大水平位移在上游坝顶处，方向水平向下游；竖向位移随边坡变陡变化不大，最大位移在坝底中部略向上位置，方向竖直向下。

数值计算的坝体应力、位移分布规律和物理模型试验结果一致。材料强度储备值大，说明胶凝砂砾石材料坝是一种比较安全的坝型。

参 考 文 献

[1] 贾金生，马锋玲，李新宇，等．胶凝砂砾石坝材料特性研究及工程应用 [J]. 水利学报，2006，37 (5)：578-582.

[2] 张镜剑，孙明权．一种新坝型——超贫胶结材料坝 [J]. 水利水电科技进展，2007，27 (3)：32-34；

[3] NILO C C，ANTÓNIO V F，SARA R S，et al. Voids Cement Ratio Controlling TensileStrength of Cement-Treated Soils [J]. Eng，2011，137 (11)：1126-1131.

[4] ESTABRAGH A R，BEYTOLAHPOUR I，Javadi A A. Effect of Resin on the Strength of Soil-Cement Mixture [J]. J Mater Civ Eng，2011，23 (7)：969-976.

[5] NILO C C，AMANDA D R，MARINA B C，et al. Porosity-Cement Ratio Controlling Strength of Artificially Cemented Clays [J]. J Mater Civ Eng，2011，23 (8)：1249-1254.

[6] NILO C C，DIEGO F，LUCAS F，et al. Key Parameters for Strength Control of Artificially Cemented Soils [J]. J Geotech Geoenviron Eng，2007，133 (2)：197-205.

[7] MARCO C，MARCO B. Microparameters Calibration for Loose and Cemented Soil When Using Particle Methods. Int [J]. J Geomech，2009，9 (5)：217-229.

[8] 孙明权，杨世锋，柴启辉．胶凝砂砾石坝基础理论研究 [J]. 华北水利水电大学学报（自然科学版），2014 (2)：43-46.

[9] WEI L T，XU Q，WANG S Y，et al. Development of transparent cemented soil for geotechnical laboratory Modeling [J]. Engineering Geology，2019，11 (262). 105-354.

[10] ZHOU J J，GONG X N，ZHANG R H. Model tests comparing the behavior of pre-bored grouted planted piles and a wished-in-place concrete pile in dense sand [J]. Soils and Foundations，2019 (59)：84-96.

[11] 杨会臣．胶凝砂砾石坝结构设计研究与工程应用 [D]. 北京：中国水利水电科学研究院，2013.

[12] 田林钢，宗君正，黄虎，等．胶凝砂砾石材料动力特性试验研究 [J]. 人民黄河，2018，40 (9)：130-132，138.

[13] 武晓菲．守口堡水库胶凝砂砾石筑坝材料强度试验研究 [J]. 水利建设与管理，2018，38 (8)：26-28，5.

[14] RAPHAEL J M. Hardfill and the ultimate dam [J]. Hydro Review Worldwide，2004 (11)：26-29.

[15] LONDE P，LINO M. The faced symmetrical Hard-fill dam：a new concept for RCC [J]. International Water Power&Dam Construction，1992，44 (2)：19-24.

[16] BATMAZ S. Cindere dam - 107m high roller compacted Hardfill dam (RCHD) in Turkey [C]. Proceedings of the 4th International Symposium on Roller Compacted Concrete Dams, Madrid, Spain, 2003, 121 - 126.

[17] STEVENS M A, LINARD J. The safest dam [J]. Journal of Hydraulic Engineering, 2002, 128 (2): 139 - 142.

[18] HIROSE T, FUJISAWA T, YOSHIDA H, et al. Concept of CSG and its material properties [C]. Proceedings of the 4th international symposium on Roller Compacted Concrete Dams. Madrid. Spain, 2003: 465 - 473.

[19] TADAHIKO F, et al. Material Properties of CSG for the seismic design of trapezoid - shaped CSG Dam [C]. 13th World conference on earthquake engineering, Vancouver, Canada, 2004, 391 - 394.

[20] KONGSUKPRASERT L, TATSUOKA F, TATEYAMA M. Several factors affecting the strength and deformation characteristics of cement - mixed gravel [J]. Soils and foundations, 2004, 45 (3): 107 - 124.

[21] LOHANI T N, KONGSUKPRASERT L, WATANABE K, et al. Strength and deformation properties of a compacted cement - mixed gravel evaluated by triaxial compression tests [J]. Soils and Foundations, 2004, 44 (5): 95 - 108.

[22] KONGSUKPRASERT L, SANO Y, TATSUOKA F. Compaetion - Indueed anisotropy in the strength and deformation characteristics of cemen - mixed gravelly soils [C]. Soil Stress - Strain Behavior: Measurement, Modeling and Analysis. Geotechnical Symposium in Roma, 2006: 479 - 490.

[23] MASON P J, HUGHES R, MOLYNEUX J D. The design and construction of a faced symmetrical Hardfill dam [J]. International Journal on Hydropower and Dams, 2008, 15 (3): 90 - 94.

[24] TOKMECHI Z. Structural safety studies of Klahir dam in Iran [J]. Middle - East Journal of Scientific Research, 2010, 6 (5): 500 - 504.

[25] MOHSEN S H, MAHDI S H, DAVID G, et al. The behaviour of an artificially cemented sandy gravel [J]. Geotechnical and Geological Engineering, 2005, 23: 537 - 560.

[26] KIANOOSH H, BRIAN P, MATTHEW C, et al. Discussion of sensor - enabled geosynthetics: use of conducting carbon networks as geosynthetic sensors [J]. Geotech Geoenviron Eng, 2011, 137 (4): 447 - 448.

[27] DIAMBRA A, IBRAIM E, PECCIN A, et al. Theoretical derivation of artificially cemented granular soil strength [J]. Geotech Geoenviron Eng, 2017, 143 (5): 04017003.

[28] SÉRGIO F V M, NILO C C, JORGE A S. Testing cement improved residual soil layers [J]. Mater Civ Eng, 2014, 26 (3): 544 - 550.

[29] ISAAC L H, ASCE M, JAY S, et al. Stadium expansion and renovation: performance of concrete produced with portland - limestone cement fly ash and slag cement [J]. Mater Civ Eng, 2015, 27 (12): 04015044.

[30] ELVYS D R, DIEGO L C S, HERMES C, et al. Structural safety and stability of the bridge on the paraopeba river in moeda [J]. Struct Des Constr, 2020, 26 (1): 05020012.

[31] CHENG C F, RAN H, HOWARD H, et al. Properties of concrete incorporating fine recycled aggregates from crushed concrete wastes [J]. Construction and Building Materials, 2016 (112): 708 - 715.

[32] YUWADEE Z, VANCHAI S AMPOL W, et al. Properties of pervious concrete containing recycled concrete block aggregate and recycled concrete aggregate [J]. Construction and Building Materials, 2016 (111): 15 - 21.

[33] BRITO J, FERREIRA J, PACHECO J, et al. Mechanical and durability properties and behaviour of recycled aggregates concrete [J]. Journal of Building Engineering, 2016 (6): 1 - 16.

[34] PRAVEEN G V, PANDU K, Chandrabai T. Improvement of California Bearing Ratio (CBR) value of Steel Fiber reinforced Cement modified marginal soil for pavement subgrade admixed with fly ash [J]. Materials Proceedings, 2020: 1 - 4.

[35] 林长农，金双全，涂传林．龙滩有层面碾压混凝土的试验研究 [J]. 水力发电学报，2001 (3): 117 - 129.

[36] 乐治济．不同地基条件下胶结砂石料坝工作特性研究 [D]. 武汉：武汉大学，2005.

[37] 刘学章，李宪．胶凝砂砾石坝特点及国外已建工程简介 [J]. 广西水利水电，2011 (3): 75 - 79.

[38] 杨首龙．CSG 坝筑坝材料特性与抗荷载能力研究 [J]. 土木工程学报，2007 (2): 97 - 103.

[39] 燕荷叶．守口堡水库胶凝砂砾石坝断面尺寸研究 [J]. 水利水电技术，2012, 43 (6): 39 - 43.

[40] 冯炜．胶凝砂砾石坝筑坝材料特性研究与工程应用 [D]. 北京：中国水利水电科学研究院，2013.

[41] 杨晋营，燕荷叶，王晋瑛，等．守口堡水库胶凝砂砾石坝设计 [A]. 高坝建设与运行管理的技术进展——中国大坝协会 2014 学术年会论文集 [C]. 郑州：黄河水利出版社，2014, 561 - 568.

[42] 吴海林，彭云枫，袁玉琳．胶凝砂砾石坝简化施工温控措施研究 [J]. 水利水电技术，2015 (1) .

[43] 宋文浚．守口堡水库胶凝砂砾石筑坝试验研究 [J]. 中国水能及电气化，2017 (1), 49 - 51, 13.

[44] 王春喜，张登祥，胡炜，等．CSG 材料配合比参数对基本力学性能的影响研究 [J]. 湖南水利水电，2018 (6): 46 - 48, 61.

[45] 刘中伟，贾金生，冯炜，等．胶凝砂砾石坝在中小型水利工程中的最新应用与实践 [J]. 水利水电技术，2018, 49 (5): 44 - 49.

[46] 贾金生，刘宁，郑璀莹，等．胶结颗粒料坝研究进展与工程应用 [J]. 水利学报，

2016，47（3）：315－323.

［47］ 贾金生，赵春，缪纶，等．胶凝砂砾石坝施工质量监控系统开发及应用［J］．中国水利水电科学研究院学报，2018，16（1）：1－8.

［48］ CHEN S K，FU Y Q，GUO L，et al. Statistical law and predictive analysis of compressive strength of cemented sand and gravel ［J］. Eng Compos Mater，2020，27：291－298.

［49］ CHEN J J，CAI X，LALE E，et al. Centrifuge modeling testing and multiscale analysis of cemented sand and gravel（CSG）dams ［J］. Construction and Building Materials，2019，223：605－615.

［50］ YANG L H，WANG H J，WUA X，et al. Effect of mixing time on hydration kinetics and mechanical property of cemented paste backfill ［J］. Construction and Building Materials，2020，247，118516.

［51］ 贾金生，刘中伟，郑璀莹，等．胶结人工砂石筑坝材料性能研究［J］．中国水利水电科学研究院学报，2019，17（1）：16－23.

［52］ AGOSTINO W B，DOMENICO G，MOHAMED R，et al. A bounding surface mechanical model for unsaturated cemented soils under isotropic stresses ［J］. Computers and Geotechnics，2020（125），103673.

［53］ MOHAMMADREZA R，PEDRO M V F，ABDULLAH E. Mechanical behaviour of a compacted well－graded granular material with and without cement ［J］. Soils and Foundations，2019（59）：687－698.

［54］ 孙明权．超贫胶结材料基本性能试验报告［R］．郑州：华北水利水电学院，1996.

［55］ 孙明权．超贫胶结材料土石面板坝研究阶段报告［R］．郑州：华北水利水电学院，2002.

［56］ 孙明权．超贫胶结材料坝研究［R］．郑州：华北水利水电学院，2004.

［57］ 孙明权，杨世锋，张镜剑．超贫胶结材料本构模型［J］．水利水电科技进展，2007，27（3）：35－37.

［58］ 孙明权，孟祥敏，肖晓春．超贫胶结材料坝剖面形式研究［J］．水利水电科技进展，2007，27（4）：40－41，45.

［59］ 孙明权，彭成山，陈建华，等．超贫胶结材料坝非线性分析［J］．水利水电科技进展，2007，27（4）：42－45.

［60］ 孙明权，彭成山，李永乐，等．超贫胶结材料三轴试验［J］．水利水电科技进展，2007，27（4）：46－49.

［61］ 陆述远，唐新军．一种新坝型——面板胶结堆石坝简介［J］．长江科学院院报，1998，15（2）：54－56.

［62］ 冯炜，贾金生，马锋玲．胶凝砂砾石坝筑坝材料耐久性能研究及新型防护材料的研发［J］．水利学报，2013，44（4）：500－504.

［63］ 冯炜，贾金生，马锋玲．胶凝砂砾石材料配合比设计参数的研究［J］．水利水电技术，2013，44（2）：55－58.

［64］ 熊堃，何蕴龙，吴迪．Hardfill 坝结构破坏模型试验研究［J］．水利学报，2012，43

(10)：1214-1222.

[65] 刘俊林，何蕴龙，熊堃，等．Hardfill材料非线性弹性本构模型研究 [J]. 水利学报，2013，44 (4)：451-461.

[66] 孙伟，何蕴龙，袁帅，等．考虑材料非均质性的胶凝砂砾石坝随机有限元分析 [J]. 水利学报，2014，45 (7)：828-836.

[67] JIA J S，MICHEL L，JIN F，et al. The cemented material dam：a new environmentally friendly type of dam [J]. Engineering，2016 (2)：490-497.

[68] 孙明权，吴平安，杨世锋，等．胶凝砂砾石本构模型适应性研究试验 [J]. 人民黄河，2015，37 (3)：126-128，131.

[69] 孙明权，杨世锋，田青青．胶凝砂砾石材料力学特性、耐久性及坝型研究综述 [J]. 人民黄河，2016，7：83-85.

[70] 柴启辉，杨世锋，孙明权．胶凝砂砾石材料抗压强度影响因素研究 [J]. 人民黄河，2016，7：86-88.

[71] 孙明权．胶凝砂砾石材料力学特性、耐久性及坝型研究 [M]. 北京：中国水利水电出版社，2016.

[72] 杨世锋，柴启辉，孙明权．胶凝砂砾石材料抗压强度与剪切强度关系研究 [J]. 人民黄河，2016，38 (8)，86-88，91.

[73] 杨世锋，孙明权，田青青．胶凝砂砾石坝剖面设计研究 [J]. 人民黄河，2016，38 (11)：108-110，115.

[74] 孙明权，孙政卫，杨世锋，等．用水量对胶凝砂砾石抗压强度的影响 [J]. 华北水利水电大学学报（自然科学版），2017，38 (1)，64-67.

[75] 吴璞伟，郭利霞，罗国杰，等．基于损伤理论的胶凝砂砾石坝运行期冻融仿真分析 [J]. 水电能源科学，2017，35 (1)：81-84.

[76] 吴璞伟，郭利霞，罗国杰．区域性胶凝砂砾石结构冻融仿真分析 [J]. 中国水运，2016 (12)：82-84.

[77] 郭磊，段亚娟，孙明权．严寒地区胶凝砂砾石材料冻融仿真研究 [J]. 人民黄河，2016 (8)：89-91.

[78] 郭磊，王军，杨世锋，等．严寒区胶凝砂砾石坝施工期冻融温度与应力仿真 [J]. 人民长江，2016 (12)：79-83.

[79] CHEN S K. ZHENG Y J. Study on the evolutionary model and structural simulation of the freeze-thaw damage of cemented sand and gravel (CSG) [J]. Inst Eng India Ser A，2018，99 (4)：699-704.

[80] 刘红森，杨世锋，郭利霞，等．胶凝砂砾石冻融试验及影响因素分析 [J]. 水电能源科学，2019，37 (3)：100-102.

[81] 黄虎，黄凯，张献才，等．循环荷载下胶凝砂砾石材料的滞后及阻尼效应 [J]. 建筑材料学报，2018，21 (5)：739-748.

[82] 王月，贾金生，任权，等．纤维增强富浆胶凝砂砾石的性能研究 [J]. 水利水电技术，2018，49 (11)：204-210.

[83] 王莎，贾金生，任权，等．胶凝砂砾石层面抗剪参数试验研究 [J]．中国水利水电科学研究院学报，2019，17 (1)：32-38.

[84] 吴梦喜，杜斌，等．筑坝硬填料三轴试验及本构模型研究 [J]．岩土工程学报，2011，32 (8)：2241-2250.

[85] 蔡新，杨杰，郭兴文．一种新的胶凝砂砾石坝坝料应变预测模型 [J]．中南大学学报（自然科学版），2017，48 (6)：1594-1599.

[86] 蔡新，杨杰，郭兴文，等．胶凝砂砾石料弹塑性本构模型研究 [J]．岩土工程学报，2016，38 (9)：1569-1577.

[87] 傅华，陈生水，韩华强，等．胶凝砂砾石料静、动力三轴剪切试验研究 [J]．岩土工程学报，2015，37 (2)：357-362.

[88] YANG J，CAI X，PANG Q，et al. Experimental study on the shear strength of cement sand gravel material [J]. Advances in Materials Science and Engineering，2018，1-11.

[89] YANG J，CAI X，GUO X W，et al. Eect of cement content on the deformation properties of cemented sand and gravel material [J]. Sci，2019，4 (9)：2369.

[90] 房纯纲，葛怀光，臧瑾光．碾压混凝土初凝时间测试新方法电动势法 [J]．水利学报，2001 (5)：50-53.

[91] 高政国，黄达海，赵国藩．碾压混凝土的正交异性损伤本构模型研究 [J]．水利学报，2001 (5)：58-64.

[92] 张林，徐进，陈新，等．碾压混凝土断裂试验研究 [J]．水利学报，2001 (5)：45-49.

[93] 彭一江，黎保琨，刘斌．碾压混凝土细观结构力学性能的数值模拟 [J]．水利学报，2001 (6)：19-22.

[94] 张强勇，李术才，焦玉勇．岩体数值分析方法与地质力学模型试验原理及工程应用 [M]．北京：中国水利水电出版社，2005.

[95] 黄志强，宋玉普，吴智敏．碾压混凝土层间拉伸破坏过程的数值模拟研究 [J]．水利学报，2005 (6)：680-686，693.

[96] 李勇．新型岩土相似材料的研制及在分岔隧道模型试验中的应用 [D]．济南：山东大学，2006.

[97] 王学志，宋玉普，李顺群，等．碾压混凝土层面双 G 断裂参数的试验研究 [J]．水利学报，2007 (4)：506-510.

[98] 陈建叶，张林，陈媛，等．武都碾压混凝土重力坝深层抗滑稳定破坏试验研究 [J]．岩石力学与工程学报，2007，26 (10)：2097-2103.

[99] 蔡守允．水利工程模型试验量测技 [M]．北京：海洋出版社，2008.

[100] 杨宝全，张林，陈建叶，等．小湾高拱坝整体稳定三维地质力学模型试验研究 [J]．岩石力学与工程学报，2010，29 (10)：2086-2093.

[101] 丁泽霖，张林，姚小林，等．复杂地基上高拱坝坝肩稳定破坏试验研究 [J]．四川大学学报（工程科学版）．2010，42 (6)：25-30.

[102] 丁泽霖，张林，陈媛，等．重力坝深层抗滑稳定三维地质力学模型破坏试验研究[J]．水利学报，2011，42（4）：499-504.

[103] 李文杰，葛毅鹏，张芳芳．基于相似理论的相似材料配比试验研究[J]．洛阳理工学院学报（自然科学版），2013，23（1）：7-12.

[104] 韩伯鲤，辜映华，宋茂信．几种模型材料的三轴应力特性研究[J]．武汉大学学报（工学版），1984（1）：3-11.

[105] 韩伯鲤，陈霞龄，宋一乐，等．岩体相似材料的研究[J]．武汉水利电力大学学报，1997，30（2）：6-9.

[106] 韩伯鲤，张文昌，杨存奋．新型地质力学模型材料[J]．武汉水利电力学院学报，1983（1）：11-17.

[107] 马芳平，李仲奎，罗光福．NIOS相似材料及其在地质力学相似模型试验中的应用[J]．水力发电学报，2004，23（1）：48-51.

[108] 王汉鹏，李术才，张强勇，等．新型地质力学模型试验相似材料的研制[J]．岩石力学与工程学报，2006，25（9）：1842-1847.

[109] 李勇，朱维申，王汉鹏，等．新型岩土相似材料的力学试验研究及应用[J]．隧道建设，2007（S2）：197-200.

[110] 聂鸿博，董建华，张林．基于不同地基条件下Hardfill坝的破坏模式及稳定性研究[J]．四川大学学报（工程科学版），2015（S1）：36-40.

[111] 聂鸿博，张林，董建华，等．复杂地基上Hardfill坝与重力坝破坏模式及稳定性对比分析[J]．水电能源科学，2015，33（4）：76-80.

[112] 李建林．双轴受压应力作用下碾压混凝土特性的试验研究[J]．水利学报，2000（9）：29-32.

[113] 江思颖．掺粉煤灰碾压混凝土耐久性研究[D]．重庆：重庆交通大学，2013.

[114] 杨梦卉，何真，杨华美．碾压混凝土中高掺石灰石粉与粉煤灰的耦合作用[J]．水利学报，2017，48（4）：488-495.

[115] 孙慢．一种由粘土、河砂、水泥作为类软岩材料的力学性能实验研究[D]．青岛：青岛科技大学，2018.

[116] 纪杰杰，李洪涛，高尚，等．富浆胶结砂砾石防渗保护结构施工工艺及质量控制方法[J]．中国农村水利水电，2018（11）：155-159，164.

[117] 闫林，何建新，杨海华．富胶凝砂砾石材料抗压及抗冻性能研究[J]．水资源与水工程学报，2019，30（1）：197-202.

[118] 金小磊．骨料针片状含量对胶凝砂砾石强度的影响[J]．河南水利与南水北调，2018，47（6）：76-77.

[119] 梁敏飞，封坤，肖明清，等．基于材料试验和细观模型的混凝土渗透性研究[J]．建筑材料学报，2020，23（4）：801-809.

[120] JOHNSON R A，WICHEM D W．实用多元统计分析[M]．6版．北京：清华大学出版社，2008.

[121] 王珊，萨师煊．数据库系统概论[M]．5版．北京：高等教育出版社，2014.

[122] 徐昂，成科扬．基于关系型数据库的 SQL 检索优化研究 [J]．电子设计工程，2019，27 (11)：51-55.

[123] 邱皓政．量化研究与统计分析 [M]．重庆：重庆大学出版社，2013.

[124] 祝金卫，蔡英志．胶凝砂砾石抗压强度性能试验研究 [J]．中国水能及电气化，2017 (12)：41-44，49.

[125] 李扬，王伯昕，陈冬昕，等．基于 BP 神经网络预测复合盐侵蚀后混凝土的相对动弹性模量 [J]．混凝土，2018 (7)：21-23.

[126] 肖杰．相似材料模型试验原料选择及配比试验研究 [D]．北京：北京交通大学，2013.

[127] 何森林，黄昕，张子新．石膏试件的力学特性研究 [J]．地下空间与工程学报，2016，12 (s1)：49-55.

[128] 杨旭，苏定立，周斌，等．层软岩模型试验相似材料的配比试验研究 [J]．岩土力学，2016，37 (8)：2231-2237.

[129] 杨景贺．相似材料模型试验应力测试装置的研制及应用 [J]．煤炭科学技术，2019，47 (4)：114-119.

[130] 崔雪婷，张子东，范珊．基于相似理论的力学模型试验材料研究 [J]．人民珠江，2019，40 (5)：82-86.

[131] 耿晓阳，张子新．砂岩相似材料制作方法研究 [J]．地下空间与工程学报，2015 (11)：23-28，142.

[132] 陈政律，吴洁，张俊儒，等．地下工程模型试验中围岩相似材料的配制研究 [J]．现代隧道技术，2018 (55Z2)：102-107.

[133] 杨运琦，薛天恩，李廷春，等．模型试验中相似锚杆材料比选研究 [J]．矿业研究与开发，2018，38 (8)：81-83.

[134] 姚剑，李昀，黄昕，等．风化泥岩地层相似材料配比试验研究 [J]．现代隧道技术，2018 (55Z2)：1069-1079.

[135] 丁泽霖，杨世锋，孙明权．胶凝砂砾石坝模型试验研究 [J]．人民黄河，2016，38 (9)：92-95.

[136] 董金玉，杨继红，杨国香，等．基于正交设计的模型试验相似材料的配比试验研究 [J]．煤炭学报，2012，37 (1)：44-49.

[137] 季厅，杨海军．胶凝砂砾石料修正应变预测模型研究 [J]．水利技术监督，2019 (4)：70-73.

[138] 张小利．大同市守口堡水库胶凝砂砾石大坝施工工艺参数试验研究 [J]．山西水利科技，2015 (4)：103-105.

[139] 王晋瑛．守口堡水库胶凝砂砾石坝设计配合比研究 [J]．山西水利科技，2015 (4)：47-51.

[140] 曹敬虎．守口堡水库大坝胶凝砂砾石垫层接触面抗剪强度试验及分析 [J]．山西水利科技，2017 (3)：77-79.

[141] 王一红．异型夯板固坡法在守口堡胶凝砂砾石坝工程中的应用 [J]．中国水能及电气

化，2018（8）：9-12.

［142］ 耿大伟．胶凝砂砾石坝结构模型试验研究［D］．郑州：华北水利水电大学，2017.

［143］ 韩浩冉，陈徽鄰，刘志奎．胶凝砂砾石过水围堰水力学模型试验及工程实践［J］．云南水力发电，2017，33（3）：49-51，60.

［144］ 詹志发，贺建先，郑博文，等．边坡模型相似材料配比试验研究［J］．地球物理学进展，2019，34（3）：1236-1243.

［145］ 潘晨晨，杨敏，上官士青，等．物理模型试验中桩或梁的材料特性及选取依据［J］．结构工程师，2018，34（4）：135-141.

［146］ 王秀杰．CSG坝静、动力性能及最佳剖面研究［D］．武汉：武汉大学，2005.

［147］ 张迪．重力坝实用剖面的优化设计及体型分析［D］．咸阳：西北农林科技大学，2007.

［148］ 彭一江，王玉华．基于细观层次的混凝土断裂过程及破坏机理的数值分析［J］．中国安全科学学报，2006（8）：110-114.

［149］ 柏巍，彭刚．蒙特卡罗法生成混凝土随机骨料模型的ANSYS实现［J］．石河子大学学报（自然科学版），2007（4）：504-507.

［150］ 岑威钧，王修信，BAUER E，等．堆石料的亚塑性本构建模及其应用研究［J］．岩石力学与工程学报，2007（2）：312-322.

［151］ 熊保林，邵龙潭．Gudehus-Bauer亚塑性本构模型研究［J］．岩土力学，2006，27（S1）：175-178.

［152］ 李秀文．胶凝砂砾石坝结构设计研究［D］．宜昌：三峡大学，2014.

［153］ 常昊天．高碾压混凝土坝施工过程仿真与进度风险研究［D］．天津：天津大学，2014.

［154］ 寇自洋．基于ADINA的胶凝砂砾石坝的渗流分析［D］．郑州：华北水利水电大学，2018.

［155］ 孙义友．重力坝剖面优化设计与三维建模系统开发［D］．大连：大连理工大学，2013.

［156］ 荣明达，郭志勇，吴学前．蒙特卡罗法生成二维三维随机骨料模型的ANSYS实现［J］．建设机械技术与管理，2017，30（11）：71-73.

［157］ 于国兴，陈守开，陈家林，等．考虑冻融损伤影响的胶凝砂砾石仿真分析［J］．人民黄河，2018，40（12）：114-117.

［158］ 杨冬升，吴艾儒，罗远，等．不同坡率的胶凝砂砾石高坝应力与位移分析［J］．人民黄河，2018，40（4）：100-102，107.

［159］ GUO Q，YAO W J，LI W B，et al. Constitutive models for the structural analysis of composite materials for the finite element analysis：A review of recent practices［J］．Composite Structures，2020：113267.

［160］ LIU J H，ZENG Q，XU S L. The state-of-art in characterizing the micro/nano-structure and mechanical properties of cement-based materials via scratch test［J］．Construction and Building Materials，2020：119255.

[161] 刘国明，陈泽钦，吴乐海．堆石料 Gudehus - Bauer 亚塑性本构模型改进及参数确定方法 [J]．岩土力学，2018，39 (3)：823 - 830.

[162] 田林钢，霍文龙，黄虎．非对称剖面下胶凝砂砾石坝受力特征及破坏模式研究 [J]．水力发电，2017，43 (5)：48 - 51.

[163] 朱文凯，陈新，李权燎，等．胶凝砂砾石坝极限承载力及超载破坏分析 [J]．中国农村水利水电，2018 (8)：136 - 140.

[164] 闫菲．胶凝砂砾石坝静动力应力变形特性有限元分析 [D]．西安：西安理工大学，2017.

[165] 曾彬．某 CSGR 大坝应力和稳定性分析 [J]．水利水电快报，2018，39 (9)：44 - 47.